高职高专规划教材

浙江省"十一五"重点规划教材

Pro/Engineer

三维数字化设计学训结合教程

主　编　方贵盛

副主编　黄爱文

ZHEJIANG UNIVERSITY PRESS
浙江大学出版社

图书在版编目（CIP）数据

Pro/Engineer 三维数字化设计学训结合教程. ／ 方贵盛
主编. 一杭州：浙江大学出版社，2010.9
ISBN 978-7-308-07995-2

Ⅰ.①P… Ⅱ.①方… Ⅲ.①机械设计：计算机辅助
设计－应用软件，Pro/ENGINEER－教材 Ⅳ.①TH122

中国版本图书馆 CIP 数据核字（2010）第 188083 号

Pro/Engineer 三维数字化设计学训结合教程

主编　方贵盛

责任编辑	王　波
封面设计	刘依群
出版发行	浙江大学出版社
	（杭州市天目山路 148 号　邮政编码 310007）
	（网址：http://www.zjupress.com）
排　　版	杭州中大图文设计有限公司
印　　刷	富阳市育才印刷有限公司
开　　本	787mm×1092mm　1/16
印　　张	18.25
字　　数	444 千
版印次	2010 年 9 月第 1 版　2010 年 9 月第 1 次印刷
书　　号	ISBN 978-7-308-07995-2
定　　价	32.00 元

　　本书根据当前我国高等职业教育发展的特点,结合岗位职业能力培养的需要,以知识够用、实用为原则,确定主要编写内容。作者精心挑选了四十余个工程案例,内容涵盖了草图设计、基础零件设计、复杂零件设计、零部件装配、工程图制作等多个方面,重点介绍企业实际工作中经常用到的一些数字化造型任务,并兼顾软件的一些常用功能介绍。

　　本书与其他教材最大的不同在于:本书充分考虑了职业院校学生学习的特点,以任务为引领,以企业生产实践为主线,根据学生的认知过程,由易到难,采用自顶向下的案例教学、项目教学方式组织教材内容。先对每个场景要完成的造型任务进行整体分析,按结构将其划分为若干个关键造型步骤分步加以解决,再进行相关知识点的讲解,然后针对每个具体的操作步骤进行详细介绍等,并对一些常见问题进行详细讲解。最后基于现场教学的要求,融学、训、做于一体,辅以适当的练习案例供学生自行练习,给学生动手与思考的机会。而且书中的绝大多数设计案例均标有工程尺寸,读者可以自行思考完成部分或全部数字化造型任务,而不需要按照操作步骤去寻找特征相关部分的尺寸。书中最后还模拟相关工作岗位的主要工作过程,给出了一些案例,供学员实训使用。

　　本书可作为高职高专院校机械、机电、数控、模具、CAD/CAM 等专业学生的教材,也可作为学生竞赛、职业资格证书培训机构和企业的培训教材以及相关技术人员的参考书。

　　本书由浙江水利水电专科学校方贵盛、郭晓梅、王建军、蔡杨,杭州万向职业技术学院黄爱文,浙江飞亚电子有限公司张平博士,浙江斯莱特泵业有限公司欧长勇高工等编写,其中学习情景一、二、三由方贵盛编写,学习情景四由黄爱文编写,学习情景五由郭晓梅编写,学习情景六由王建军编写,学习情景七由蔡杨编写,学习情景八由张平、欧长勇编写。参加编写工作的还有蔡丹云、江有永等老师。全书由方贵盛进行统稿。

　　在本书编写过程中,编者参考了一些书刊杂志,并引用了其中的一些资料,在此一并向相关书刊杂志作者表示衷心的感谢。

　　本书所涉及的相关学习资料均可在精品课程网站 http://swszh.jpkc.cc 上查阅。

编　者

2010 年 7 月

目 录

CONTENTS

基础案例篇

学习情景 1

数字化 CAD 软件应用概述

认知 1　数字化技术

计算机辅助技术(CAD)的发展,使得在产品开发的不同阶段运用数字化模型描述产品,并对产品进行设计、开发、评价、修改成为可能。特别是产品全生命周期管理(PDM)系统和基于网络的产品描述模型,为全球制造条件下的产品质量保证奠定了基础。

技术的进步和市场竞争的日益激烈,使得产品的技术含量和复杂程度不断增加,而产品的生命周期日益缩短。因此,缩短新产品的开发和上市周期就成为企业形成竞争优势的重要因素。在这种形势下,在计算机上完成产品的开发,通过对产品模型的分析,改进产品设计方案,在数字状态下进行产品的虚拟试验和制造,然后再对设计进行改进或完善的数字化产品开发技术变得越来越重要。

数字化技术实质上是基于产品描述的数字化平台,建立基于计算机的数字化产品模型,并实现产品开发全过程的数字化,从而避免使用物理模型的一种产品开发技术。产品模型数字化的目的是通过建立数字化产品造型,利用数字模拟、仿真、干涉检验、CAE 等数字分析技术,改进和完善设计方案,提高产品开发的效率和产品的可靠性,并最终为基于网络的全球制造提供数字化产品模型和制造信息。

数字化技术具有如下的显著特点与优势:

1)面向装配。数字化设计技术建立的基本数学模型就是面向装配的产品模型(在模具 CAD 系统中就是模具整体),而非单个零件。它集成了零部件和装配的全部可用信息,形成了一个包括各种信息的全局的数字化产品模型,这一模型可被不同设计环节的众多工程师使用。数字化设计技术可跟踪查寻高度复杂的零部件和大型装配之间的内部关系。例如,项目经理可在任何时候查寻并显示那些超过设定重量的零件,并且在早期的产品设计周期内,不花费什么代价就可方便地更改设计。

2)面向产品生命周期。从产品开发、制造到发布信息的集成,产品生命周期中各个环节的信息均被统一到模型中并得到相应的管理与维护。由于其信息的完备性,它有助于实现产品的设计兼容性分析、面向装配的设计、面向制造的设计和面向维修的设计等。

3)具有统一的数学模型。数字化技术建立了从产品设计到制造的单一计算机化产品定义模型,覆盖了整个设计制造及管理过程。

4）数字化技术结合了先进的基于计算机的自动化设计软件和数据管理技术，通过缩短产品研制周期和降低成本，为长期生产效率的提高奠定了基础。

5）数字化设计允许产品设计在制造实物模型之前，在计算机屏幕上完成设计和验证工作。一项设计工作可由多个设计队伍在不同的地域分头并行设计、共同装配，行成一个完整的数字化模型。

认知2　数字化 CAD 软件在机电类职业岗位中的应用

常用的数字化 CAD 软件有 AutoCAD、Pro/Engineer、UG、MasterCAM、CAXA、CATIA、SolidWorks、SolidEdge 等。这些软件在机电类职业岗位中得到了广泛的应用。下面列举其中的几种典型岗位。

一、机械设计师（相关岗位：机械设计技术员）

【岗位职责】

1. 负责产品结构设计、制图、零部件加工工艺的制定。
2. 样品制作和试生产及相关技术文件的编制等工作。
3. 负责编制产品所需材料、配套件、标准件的明细表及消耗定额。
4. 负责解决生产现场中出现的技术、工艺问题。

【岗位要求】

1. 机械专业或机电一体化专业大专及以上学历。男女不限，年龄 25～45 岁。
2. 熟练使用 AutoCAD 制图，熟练使用 Pro/E、UG 等三维制图优先考虑。
3. 责任心强，有协调团队合作能力；沟通协调能力和表达能力良好。

二、产品结构设计师

【岗位要求】

1. 电子设备结构设计、机械、机电及相关专业大专及以上学历。
2. 熟悉产品结构设计的开发流程；具备独立产品结构开发设计能力。
3. 熟练使用 Pro/E Wildfire 进行三维造型设计，掌握 Pro/E 的曲面造型设计。
4. 了解塑料材料及金属材料的性能，熟悉塑胶、钣金、五金零件的加工工艺。
5. 有团队合作精神，有责任心。做事认真细心，动手能力强。

三、模具设计师

【岗位要求】

1. 大专及以上学历，能独立开发设计模具，熟练使用 AutoCAD 等制图软件，学习 Pro/E、UG 软件的一种，用 Pro/E 软件者优先。
2. 熟练掌握注塑模具结构知识，能读出 CAD 2D/3D 模具图纸，懂得模具的加工工艺，熟悉 EMX 或 UG 的自动分模。
3. 熟悉软件的零件设计，精通软件的装配知识。
4. 为人勤恳，工作仔细，有上进心，服从安排优先。

学习情景 2
初识 Pro/Engineer 软件

认知 1　Pro/Engineer 软件功能概述

Pro/Engineer 软件是美国参数技术公司(Parametric Technology Corporation,简称 PTC)开发的集 CAD/CAE/CAM 于一体的参数化建模软件。PTC 公司自 1985 年开始研究参数化设计技术,1988 年开发出 Pro/Engineer 软件,经过二十几年的发展,Pro/Engineer 已经成为三维数字化设计软件的领头羊,目前最新版本已经发展到 Pro/Engineer Wildfire 5.0。它被广泛应用于航空航天、机械、电子、汽车、家电、玩具等领域,主要用作产品的数字化设计、零部件装配、有限元分析、机构运动仿真、数控加工仿真、模具设计、钣金件设计、工程图绘制等。

一、Pro/Engineer 软件的主要特点

1.基于特征的造型技术

Pro/Engineer 软件采用基于特征的造型方法,将整个零件模型分解成若干个几何特征分别加以构造。特征是一个事物区别于其他事物所具有的特点。比如人体,按结构特征可分为头、躯干、四肢等几部分,而头又可分为眼睛、鼻子、耳朵、嘴巴等几部分。每一部分都有区别于其他部分的特征。而几何特征是具有一定形状和尺寸的几何体,比如孔特征、圆角特征、倒角特征、筋特征等。

2.采用参数化技术

将零件或特征的主要尺寸用参数来描述,当参数值改变时可以获得不同尺寸大小的零件系列。采用参数化技术的好处在于,彻底改变了自由建模的无约束状态,几何形状均以尺寸参数的形式被有效控制,即所谓的全尺寸约束。因此,可以通过编辑尺寸数值来驱动几何形状的改变。打算修改零件形状时,只需修改一下尺寸即可实现形状的改变。

3.全相关性

用 Pro/Engineer 软件设计的零件三维模型,可以用于零部件装配、有限元分析、加工仿真、工程图制作等。在设计过程中,如果零件的某个参数值发生了更改,则与该零件相关的装配体零件尺寸、工程图尺寸等均会自动做出修改,这就是软件的全相关性。当然如果在工

程图中修改了零件的某个尺寸,则该零件三维模型尺寸也会自动做出调整。

二、Pro/Engineer 软件的主要功能

1. 三维建模功能

采用基于特征的参数化建模技术,能够创建复杂的零件模型,并可根据模型参数进行编辑修改。

2. 零部件装配功能

可以将零件组装在一起,以检验零件的装配质量,提早发现零件设计中的问题,并可在装配环境下对零件进行修改。

3. 工程图制作功能

由三维零件模型自动生成二维工程图,并标注尺寸等,方便用户交流。

4. 机构及运动仿真功能

对机构运动性能进行仿真,包括运动学分析和动力学分析。

5. 有限元分析

对模型进行结构力学、热力学等有限元分析,提前发现零件设计过程中存在的缺陷。

6. 数控加工功能

根据所选择的机床环境对零件进行仿真加工,并生成数控程序,可直接传入数控机床进行加工。

三、Pro/Engineer 软件在机电类课程教学中的应用

随着现代教育技术的发展,CAD 软件(包括 Pro/Engineer 软件)在机电类课程教学中日益受到重视,被广泛应用于机械制图、机械设计、机床夹具设计、CAD/CAM、数控加工技术、模具设计与制造、产品结构设计、钣金件设计等课程教学,以提高教学质量,加快学生对课程的理解与应用。如在机械制图教学中可以利用 Pro/Engineer 软件中观察到各种截交线、相贯线的结果以及几何体的投影关系,在机械设计课程教学中可进行连杆机构、曲柄机构、齿轮等的运动仿真等。

认知 2   Pro/Engineer Wildfire 软件界面认知

在桌面上双击 Pro/Engineer 软件图标 ,启动 Pro/Engineer 软件。软件启动后初始界面如图 1-1 所示。整个界面由标题栏、菜单栏、工具栏导航选项卡、Web 浏览器、工作区、消息区、状态栏等部分组成。

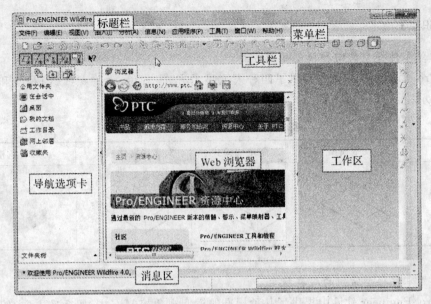

图 1-1　Pro/Engineer 软件初始界面

场景 1　Pro/Engineer 数字化设计初体验
——长方体的数字化建模

【学习目标】

1. 了解 Pro/Engineer 软件的零件设计思路。
2. 掌握三维零件模型的显示控制方式。
3. 熟练使用鼠标对模型进行旋转、缩放、平移操作。
4. 掌握模型视角的改变方式。

【设计任务】

采用 Pro/Engineer 软件绘制如图 1-2 所示的长方体。

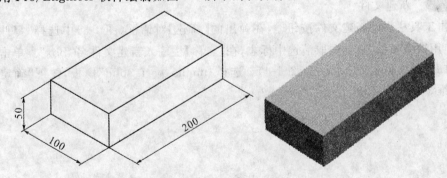

图 1-2　一个简单的长方体

【相关知识点】

1.三维零件模型的四种模型显示方式

在 Pro/Engineer 软件中提供了四种模型显示方式：着色、无隐藏线、隐藏线和线框，如表 1-1 所示。

表 1-1   三维零件常用的表达方式

模型类型	1.线框模型	2.隐藏线模式	3.无隐藏线模式	4.着色模式
图示	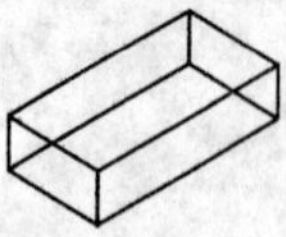	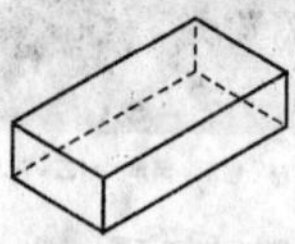	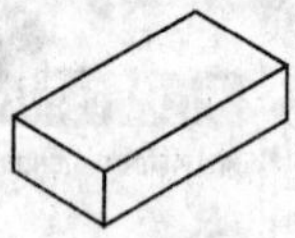	

2.三维零件模型常用的观察视角

在 Pro/Engineer 软件中提供了几种标准的模型视角控制方式，如标准方向、俯视图、仰视图、左视图、右视图、前视图、后视图等，如表 1-2 所示。当然用户也可以自己创建非标准的观察方向。

表 1-2   模型常用的视角方向

视角类型	1.标准方向（缺省方向）	2.俯视图	3.右视图	4.前视图
图示		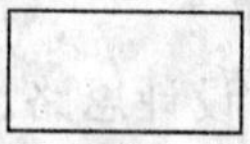		

【操作步骤】

步骤1   设置工作目录

单击菜单【文件】→【设置工作目录】命令，将文件放置在自己建立的文件夹下。

步骤2   新建文件

单击工具栏中的新建文件按钮，在弹出的【新建】对话框（图 1-3）中选择"零件"类型，单击"使用缺省模板"复选框取消选中标志，在【名称】栏输入新建文件名"Box"。单击"确定"按钮，打开【新文件选项】对话框（图 1-4）。选择"mmns_part_solid"模板，按下"确定"按钮，进入三维零件绘制环境。

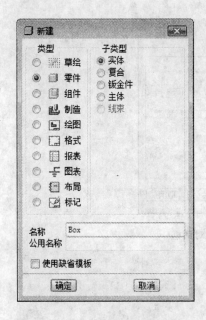

图 1-3　新建对话框　　　　　　　　图 1-4　新文件选项对话框

在三维零件绘制环境中，默认的有基准平面（FRONT、TOP、RIGHT）、坐标系（PRT_CSYS_DEF），如图 1-5 所示。

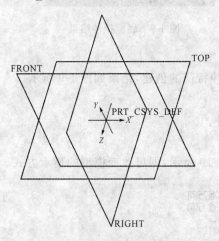

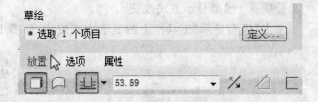

图 1-5　基准平面和坐标系　　　　　　图 1-6　拉伸特征操控板设置

步骤 3　通过创建拉伸特征构造长方体零件

①单击 按钮，打开拉伸特征操控板。

②单击【放置】面板中的【定义】按钮，打开【草绘】对话框，如图 1-6 所示。

③选择 TOP 基准面为草绘平面，参照面及方向为缺省值（此处为 RIGHT 基准面），如图 1-7 所示。

④绘制如图 1-8 所示的二维矩形截面。

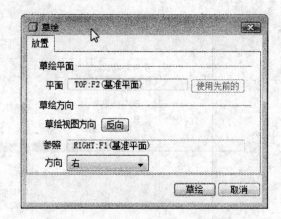

图 1-7　草绘平面与方向选择对话框

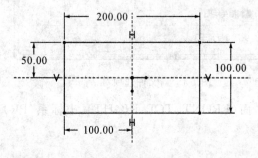

图 1-8　草绘截面

图 1-9　底座拉伸结果

⑤单击完成按钮 ✔，返回拉伸特征操控板。

⑥在数值编辑框中输入 50，单击按钮 ✔，完成拉伸特征的创建，结果如图 1-9 所示。

步骤 4　文件保存

单击菜单【文件】→【保存】命令，保存当前模型文件。

步骤 5　模型显示方式改变

单击"模型显示"工具栏上的显示方式按钮，如图 1-10 所示，即可改变模型的显示方式。

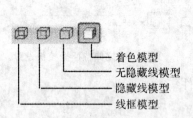

图 1-10　模式显示方式按钮

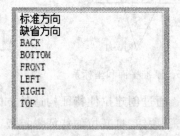

图 1-11　视图列表对话框

步骤 6　模型视角方式改变

单击"视图"工具栏上的视图控制按钮 ⌗，弹出【视图列表】对话框，在其中单击需要的视角类型，绘图区中的图形就会转换到选定的视角。

步骤7　鼠标操作

（1）向上滚动鼠标中键可以缩小零件模型；

（2）向下滚动鼠标中键可以放大零件模型；

（3）按住鼠标中键后拖动鼠标，可以对零件模型进行旋转；

（4）同时按下 Shift 键和鼠标中键后拖动鼠标，可以对零件模型进行平移。

Pro/Engineer 软件采用基于特征的模型创建方式,如通过创建拉伸、旋转、扫描、混合等特征来构建三维图形。而大多数特征都是在一个二维平面内通过绘制一个几何截面方式来创建的。这些二维几何截面就是草图。草图是使用直线、圆、圆弧等草绘命令绘制的形状和尺寸大致精确的具有特殊意义的几何图形。

认知 1 草绘设计环境认知

在 Pro/Engineer 软件中可以通过两种方法进入到草绘设计环境:一是建立新的草绘截面文件,由这种方式建立的草绘截面可以单独保存,并且在创建特征时可以重复利用;二是在创建实体特征的过程中,通过绘制截面进入草绘环境,这种草绘截面只属于该特征,不能重复使用。本节着重讲述第一种进入草绘环境的方法,第二种方法在创建三维零件时介绍。

一、草绘界面

单击工具栏中的新建文件按钮□,在弹出的【新建】对话框中选择"草绘"类型,按下"确定"按钮,进入二维草图绘制环境,如图 3-1 所示。

草绘界面由以下几个部分组成:菜单栏、常规工具栏(如文件、模型显示、基准、视图等工具栏)和与草绘有关的工具栏(包括草绘工具栏、草绘器工具栏、草绘器诊断工具栏等)。

二、与草绘有关的工具栏

1. 草绘工具栏

草绘工具栏包括了绝大多数图元的绘制及编辑命令,如图 3-2 所示。其中有些按钮后带有下三角图标,单击该图标可以选择与该按钮相类似的命令。其中调色板按钮按下以后,会出现【草绘器调色板】对话框(图 3-3),在其中可以选择系统已经绘制好的标准图样,如五边形、工字形等图样,甚至是用户自己绘制完毕保存的图样。

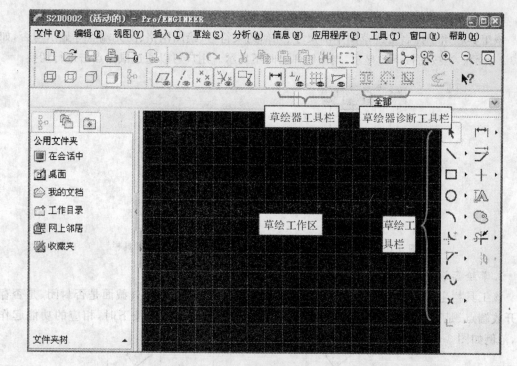

图 3-1 草绘设计环境

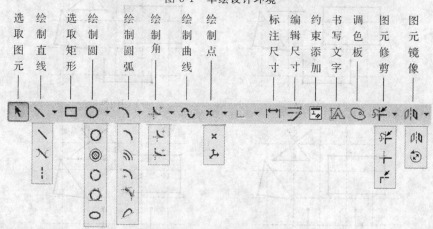

图 3-2 草绘工具栏

图 3-3 【草绘器调色板】对话框

2.草绘器工具栏

该工具栏用于控制二维草图中的尺寸、几何约束符号、绘图网格、图元端点等显示与否,如图 3-4 所示。当按钮按下时显示,当按钮弹出时不显示。用户可以通过鼠标点击进行切换。

尺	约	网	端		着	加	加
寸	束	格	点		色	亮	亮
显	显	显	显		的	开	重
示	示	示	示		封	放	叠
开	开	开	开		闭	端	几
关	关	关	关		环	点	何

图 3-4 草绘器工具栏　　　　　图 3-5 草绘器诊断工具栏

3.草绘器诊断工具栏

该工具栏主要用于对用户绘制的二维截面草图进行检测,以检查截面是否封闭、是否存在开放端点、是否存在重叠的几何图元等,如图 3-5 所示。当按钮按下时,相应的功能起作用,范例如图 3-6 所示。

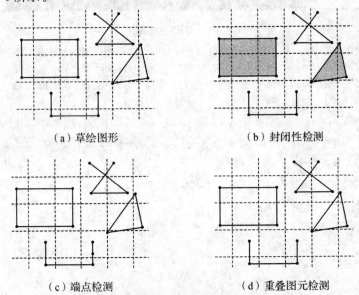

（a）草绘图形　　　　　　　　　（b）封闭性检测

（c）端点检测　　　　　　　　　（d）重叠图元检测

图 3-6 草绘器诊断工具按钮使用示例

场景 1 随心所欲绘制二维草图

【设计任务一】 卡通图形草绘设计

采用 Pro/Engineer 软件绘制如图 3-7 所示卡通图形。

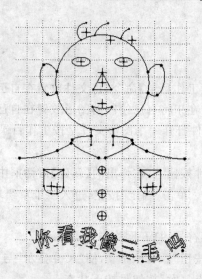

图 3-7　自由草绘图形

【学习目标】

1.学习直线、矩形、圆、圆弧、文字、样条曲线等基本图元的绘制方式。

2.学习倒圆角、修剪、镜像、复制、删除等草图的编辑方式。

【相关知识点】

草绘工具栏按钮及含义如表 3-1 所示。

表 3-1　草绘工具栏按钮及含义

按钮	含　义	按钮	含　义
	选取图元		创建椭圆形圆角
	两点绘制直线		创建样条曲线
	与两图元相切的直线		创建一点
	两点绘制中心线		创建坐标系
	两点绘制矩形		以其他特征图元的边创建图元
	两点绘制圆		以其他特征图元的边创建偏距图元
	选择一圆或圆弧创建另一同心圆		创建尺寸标注
	三点创建一个圆		尺寸标注修改
	创建与三个图元相切的圆		添加草绘约束
	两点绘制椭圆		属性文字
	三点创建圆弧		通过调色板创建标准图形
	创建同心圆弧		图元修剪,选中部分删除
	圆心、起点、终点三点创建圆弧		图元裁剪,选中部分保留
	创建与三图元相切的圆弧		图元打断
	三点创建圆锥弧		图元镜像
	倒圆角		图元缩放与旋转

【操作步骤】

步骤1　设置工作目录

单击菜单【文件】→【设置工作目录】命令,将文件放置在自己建立的文件夹下。

注:设置工作目录的目的在于将自己绘制的图形放置在自己熟悉的文件夹下,便于文件管理。因为Pro/Engineer软件打开一个图形文件是按工作目录所在的路径进行查找的。

步骤2　新建文件

单击工具栏中的新建文件按钮□,在弹出的【新建】对话框中选择"草绘"类型,在【名称】栏输入新建文件名"Sanmao"。单击"确定"按钮,进入二维草绘环境。

步骤3　草图绘制

(1)关闭尺寸与几何约束符号,打开网格与端点显示

单击草绘器工具栏上的按钮⌗ ⅍ ▦ ⊿,使"尺寸显示"与"几何约束符号显示"按钮呈弹出状态,"网格显示"与"端点显示"按钮呈按下状态。

(2)绘制两条中心线

点击草绘工具栏中的直线绘制按钮右边的下拉箭头,弹出直线绘制工具条 ╲ ╳ ┊ ╲ ℞,选择其中的中心线绘制按钮┊,在绘图区合适位置点击鼠标左键绘制,结果如图3-8所示。

(3)绘制圆形头

点击草绘工具栏中的圆绘制按钮○,以两条中心线的交点为圆心绘制一个圆,结果如图3-9所示。

(4)绘制眼睛

点击草绘工具栏中的圆绘制按钮右边的下拉箭头,弹出圆绘制工具条 ○ ◎ ○ ○ ○,选择其中的椭圆绘制按钮 ○,在绘图区合适位置点击鼠标左键作为该椭圆的中心,就会出现一个随鼠标移动的椭圆,将椭圆拖动到合适位置,单击鼠标左键即可完成椭圆绘制,结果如图3-10所示。

(5)眼睛镜像

单击选择椭圆型眼睛,椭圆会以红色加亮显示。单击草绘工具栏中的镜像按钮. 然后在"选取一条中心线"的系统提示下单击第一步绘制的竖直状中心线即可完成镜像操作,结果如图3-11所示。

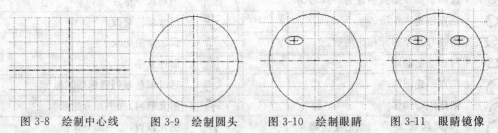

图3-8　绘制中心线　　图3-9　绘制圆头　　图3-10　绘制眼睛　　图3-11　眼睛镜像

(6)绘制鼻子

点击草绘工具栏中的中心线绘制按钮右边的下拉箭头,弹出直线绘制工具条,选择其中的直线绘制按钮╲,在绘图区合适位置点击鼠标左键,此时一条"橡皮筋"线附着在光标上

出现,在合适位置单击鼠标左键,此时绘制完成一段直线,继续点击鼠标左键绘制如图 3-12 所示三角形鼻子。要结束直线的创建,只需单击鼠标中键即可。

(7)绘制嘴巴

点击草绘工具栏中的圆弧绘制按钮 ⌒,在绘图区合适位置点击鼠标左键作为圆弧的起点,然后点击第二点作为圆弧的终点,这时会出现一个"橡皮筋"圆,移动鼠标点击第三点,即可绘制一条圆弧,该圆弧通过选择的三点。采用同样的方法绘制另一圆弧,结果如图 3-13 所示。**注意:要先绘制嘴巴下边的长圆弧,再绘制嘴巴上部的短圆弧,否则难以绘制。**

(8)绘制耳朵

点击草绘工具栏中的样条曲线绘制按钮 ∿,在圆上合适位置点击鼠标左键作为样条曲线的起点,一条"橡皮筋"样条附着在光标上出现,再点击第二点,就会出现一段样条线,重复点击鼠标左键,绘制样条线的其他点。最后单击鼠标中键结束样条绘制。结果如图 3-14 所示。

(9)耳朵镜像

单击选择样条曲线表示的耳朵,样条曲线会以红色加亮显示。单击草绘工具栏中的镜像按钮 ⶈ。然后在"选取一条中心线"的系统提示下单击第一步绘制的竖直状中心线即可完成镜像操作,结果如图 3-15 所示。

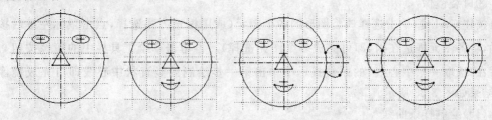

图 3-12　绘制鼻子　　图 3-13　绘制嘴巴　　图 3-14　绘制耳朵　　图 3-15　耳朵镜像

(10)绘制头发

采用三点画圆弧的方式绘制出三根头发。结果如图 3-16 所示。

(11)绘制脖子

采用直线绘制方式绘制出两条直线代表脖子,结果如图 3-17 所示。

(12)绘制衣服

先采用样条曲线绘制方式绘制出一条衣领和一条肩膀,然后镜像即可,结果如图 3-18 所示。

(13)绘制纽扣

采用圆绘制方式绘制出两个小圆代表纽扣,结果如图 3-19 所示。

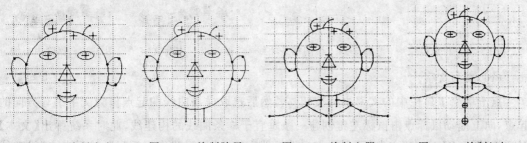

图 3-16　绘制头发　　图 3-17　绘制脖子　　图 3-18　绘制衣服　　图 3-19　绘制纽扣

17

（14）口袋绘制及镜像

①绘制矩形

点击草绘工具栏中的矩形绘制按钮 □ ，在绘图区合适位置点击鼠标左键作为矩形的一个顶点，拖动鼠标即出现一个"橡皮筋"线组成的矩形，将该矩形拖动到所需大小，再点击鼠标左键放置第二点作为矩形斜对角的顶点，即可绘制出所需矩形，如图 3-20 所示。

②矩形倒圆角

点击草绘工具栏中的圆角绘制按钮 ╲ ，使用鼠标左键拾取第一个要倒圆角的边，然后再选取相邻的另一条边，即可完成一个圆角的绘制，如图 3-21 所示。用同样的方法绘制另一个圆角，结果如图 3-22 所示。

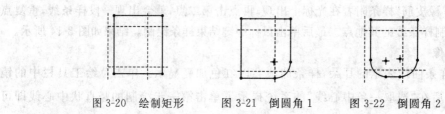

图 3-20　绘制矩形　　　图 3-21　倒圆角 1　　　图 3-22　倒圆角 2

③口袋镜像

按住 Ctrl 键，单击选择口袋图形的各个图元（或用框选方式选择，点击鼠标左键后按住拖动，将各图元框选在内，即可完成多个图元选择）。再单击草绘工具栏中的镜像按钮 ╟╢ 。然后在"选取一条中心线"的系统提示下单击第一步绘制的竖直状中心线即可完成镜像操作，结果如图 3-23 所示。

（15）绘制样条曲线

点击草绘工具栏中的样条曲线绘制按钮 ∿ ，在衣服下合适位置点击鼠标左键作为样条曲线的起点，一条"橡皮筋"样条附着在光标上出现，再点击第二点，就会出现一段样条线，重复点击鼠标左键，绘制样条线的其他点。最后单击鼠标中键结束样条绘制。结果如图 3-24所示。

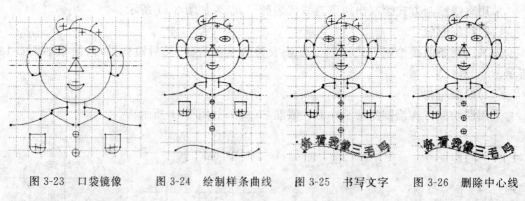

图 3-23　口袋镜像　　　图 3-24　绘制样条曲线　　　图 3-25　书写文字　　　图 3-26　删除中心线

（16）书写文字

点击草绘工具栏中的文字书写按钮 Ａ ，然后选取样条曲线的起点作为文字书写方向的起点，向上拖动鼠标点击鼠标左键创建一条垂直于样条曲线的构建线，此时系统弹出【文本】对话框（图 3-27）。在"文本行"下的文本编辑器中输入"你看我像三毛吗"，然后点击"沿曲线放置"复选框将其选中,再选择样条曲线,单击"确定"按钮,完成文字的创建,结果如图 3-25 所示。用户可以拖动"长宽比"滑动杆以改变文字的宽度,也可以拖动"斜角"滑动杆以改变文字的倾斜角度。

(17)删除中心线

点击鼠标左键选中两条中心线,然后按键盘上的删除键 Del,将两条中心线删除,结果如图 3-26 所示。

步骤 4　文件保存

单击菜单【文件】→【保存】命令,保存当前模型文件。保存后文件名为 sanmao.sec,其中 sec 为二维草绘图形的后缀名。

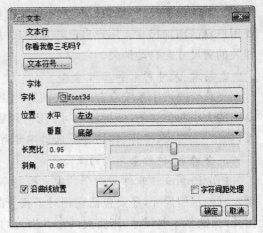

图 3-27　【文本】对话框

场景 2　根据尺寸要求绘制二维草图

【设计任务二】　薄片零件草图绘制

采用 Pro/Engineer 软件绘制如图 3-28 所示薄片的草绘图形。

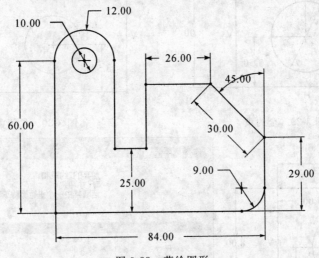

图 3-28　草绘图形

【学习目标】

1. 巩固基本图元的绘制与编辑方法。

2. 学习直线尺寸(包括水平、竖直、倾斜尺寸)、半径尺寸、直径尺寸的标注方法。

【相关知识点】

1. 强尺寸与弱尺寸

在草绘环境下绘制了几何图形后,系统都会自动产生相关的尺寸。这些由系统自动添加的尺寸叫做弱尺寸,默认以灰色显示。但是这些弱尺寸不一定符合用户的要求,这时就需要用户自己添加尺寸。用户自己添加的尺寸叫做强尺寸,默认以白色显示。强尺寸添加后相关的弱尺寸会自动消失。

2. 约束、尺寸约束和几何约束

在草绘图形中系统会自动添加两种约束:尺寸约束和几何约束。尺寸约束是用来控制草图的大小和位置的,即标注尺寸;几何约束是用来控制草图中几何图元间的相互位置关系,如水平、竖直、平行、相切等。这里主要考虑尺寸约束。

3. 全约束、过约束与欠约束

Pro/Engineer 软件采用全约束来控制草图截面的形状和大小。即绘制一个图元不仅要确定它的定型尺寸,还要包括它相对于其他图元间的位置尺寸,如图 3-29。如果用户在绘制图元时,缺少一些尺寸,则为欠约束。当欠约束时,系统会自动计算该图形缺少哪些尺寸,然后以弱尺寸方式自动补全,如图 3-30。如果用户添加了多余的尺寸,则为过约束,如图 3-31。草图过约束时,系统会弹出警告对话框(图 3-32),提示用户取消尺寸添加命令或删除其他的约束来解决尺寸冲突,同时在草图中高亮显示冲突的尺寸约束。用户可以选择"撤销"选项或删除其他相冲突的尺寸。

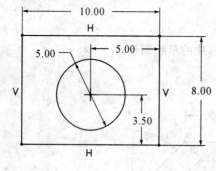

图 3-29 全约束

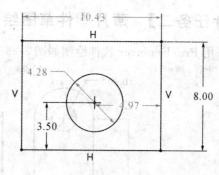

图 3-30 欠约束

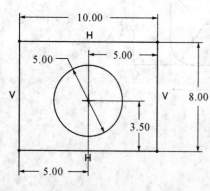

图 3-31 过约束

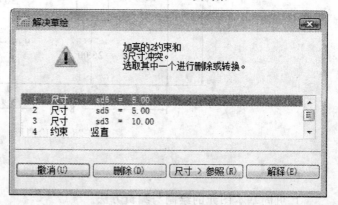

图 3-32 【解决草绘】警告对话框

【操作步骤】

步骤1 设置工作目录

单击菜单【文件】→【设置工作目录】命令,将文件放置在自己建立的文件夹下。

步骤 2　新建文件

单击工具栏中的新建文件按钮 □ ,在弹出的【新建】对话框中选择"草绘"类型,在【名称】栏输入新建文件名"baopian"。单击"确定"按钮,进入二维草绘环境。

步骤 3　草绘环境设置

单击主菜单【草绘】→【选项】命令,弹出【草绘器优先选项】对话框,切换到【约束】选项卡,保留水平、竖直约束项,将其余选项前的勾均去除,如图 3-33 所示。

图 3-33　【草绘器优先选项】对话框

注:如果不做这一步,用户在草绘时,系统就会自动添加一些几何约束,如等长、等半径等。用户添加尺寸时就会产生问题,这对初学者来说不容易理解与解决。

步骤 4　草绘基本图形

(1)绘制第一条直线,以确定图形的大致尺寸和位置

点击草绘工具栏中的直线绘制按钮 ＼ ,在绘图区合适位置点击鼠标左键,此时一条"橡皮筋"线附着在光标上出现,在合适位置单击鼠标左键,此时绘制完成一段直线,单击鼠标中键结束直线的创建。双击直线上的尺寸值,弹出尺寸编辑框,在其中输入 84,并按键盘上的回车键,此时系统会自动对直线的长度进行调整,如图 3-34 所示。

(2)绘制其余直线段

继续点击草绘工具栏中的直线绘制按钮 ＼ ,绘制其他直线段,如图 3-35 所示。

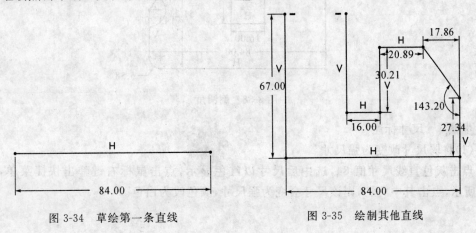

图 3-34　草绘第一条直线　　　　图 3-35　绘制其他直线

（3）绘制圆弧

点击草绘工具栏中的圆弧绘制按钮 ，采用三点方式绘制圆弧，其中两个端点分别在两条直线的端点上，另一点拖动到合适位置，绘制出半圆弧，如图 3-36 所示。

（4）绘制圆

点击草绘工具栏中的圆绘制按钮○，采用圆心半径方式绘制圆，其中圆心与圆弧的圆心在同一位置，当移动鼠标时系统会自动进行捕捉，另一点拖动到合适位置，绘制出圆，如图 3-37 所示。

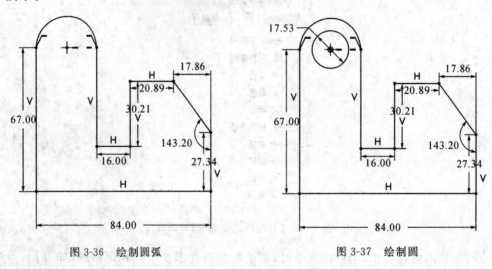

图 3-36　绘制圆弧　　　　　　　　　　图 3-37　绘制圆

（5）倒圆角

点击草绘工具栏中的圆角绘制按钮 ，使用鼠标左键拾取第一个要倒圆角的边，然后再选取相邻的另一条边，即可完成圆角的绘制，如图 3-38 所示。

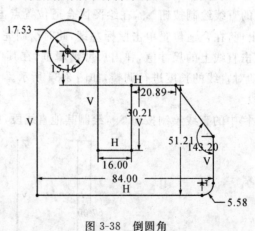

图 3-38　倒圆角

步骤 5　尺寸标注

（1）将弱尺寸改变为强尺寸

点击灰色直线尺寸值 84，选中后尺寸以红色显示，点击鼠标右键弹出快捷菜单，如图 3-39 所示，点击其中"强"，则该尺寸会变为强尺寸，颜色改为白色。

（2）尺寸拖动

点击尺寸 84，尺寸变成红色显示，然后按住鼠标左键拖动，尺寸随之移动，到合适位置松开左键即可，结果如图 3-40 所示。

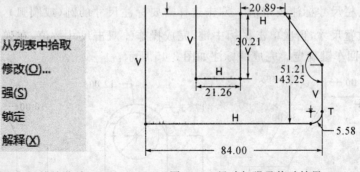

图 3-39　快捷菜单　　　　图 3-40　尺寸加强及拖动结果

（3）水平标注

单击工具栏尺寸标注按钮 |↔|，选择需要标注尺寸的直线，在适合位置处单击鼠标中键放置尺寸，再次单击鼠标中键，完成操作。双击尺寸数值，在弹出的编辑框中输入 26，按键盘回车键确定。完成的标注如图 3-41 所示。

（4）竖直标注

单击工具栏尺寸标注按钮 |↔|，选择需要标注尺寸的直线（或直线的两个端点或两条平行直线或圆中心与一直线等均可），在适合位置处单击鼠标中键放置尺寸，再次单击鼠标中键，完成操作。双击尺寸数值，在弹出的编辑框中输入 60，按键盘回车键确定。依次完成其他竖直尺寸标注，结果如图 3-42 所示。

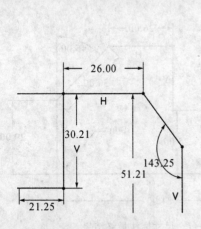

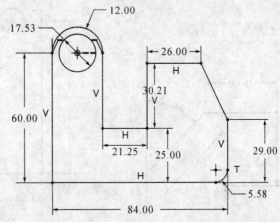

图 3-41　水平尺寸标注　　　　　图 3-42　竖直尺寸标注

（5）倾斜标注

单击工具栏尺寸标注按钮 |↔|，单击选择需要标注尺寸的直线，在适合位置处单击鼠标中键放置尺寸，再次单击鼠标中键，完成操作。双击尺寸数值，在弹出的编辑框中输入 30，按键盘回车键确定。完成的标注如图 3-43 所示。

（6）半径尺寸标注

单击工具栏尺寸标注按钮 |↔|，单击选择需要标注尺寸的圆弧（或圆），在适合位置处单

击鼠标中键放置尺寸,再次单击鼠标中键,完成操作。双击尺寸数值,在弹出的编辑框中输入 12,按键盘回车键确定。完成的标注如图 3-44 所示。

(7)直径尺寸标注

单击工具栏尺寸标注按钮|↔|,双击选择需要标注尺寸的圆(或圆弧),在适合位置处单击鼠标中键放置尺寸,再次单击鼠标中键,完成操作。双击尺寸数值,在弹出的编辑框中输入 10,按键盘回车键确定。完成的标注如图 3-45 所示。

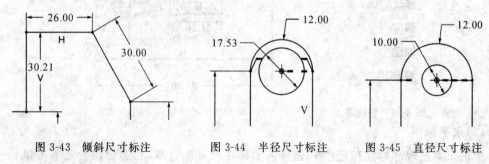

图 3-43 倾斜尺寸标注   图 3-44 半径尺寸标注   图 3-45 直径尺寸标注

(8)角度标注

单击工具栏尺寸标注按钮|↔|,分别选择需要标注尺寸的两条直线,并在适合位置处单击鼠标中键放置尺寸,再次单击鼠标中键,完成操作。双击尺寸数值,在弹出的编辑框中输入 45,按键盘回车键确定。完成的标注如图 3-46 所示。

图形最终标注结果如图 3-47 所示。

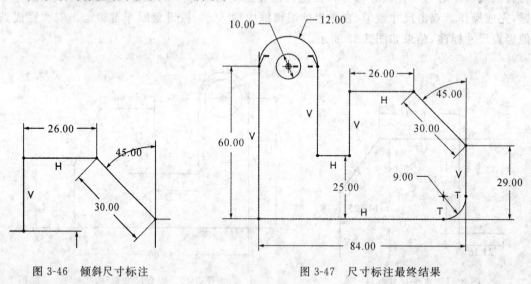

图 3-46 倾斜尺寸标注   图 3-47 尺寸标注最终结果

步骤 4 文件保存

单击菜单【文件】→【保存】命令,保存当前模型文件。

【举一反三】

采用 Pro/Engineer 软件绘制如图 3-48 所示垫片的草绘图形。
草绘提示如表 3-2 所示。

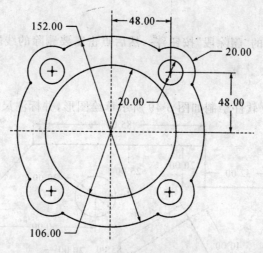

图 3-48　垫片草绘图形

表 3-2　垫片草图绘制提示

关键步骤	1. 草绘两条中心线	2. 绘制圆并修改尺寸
图示		
关键步骤	3. 绘制两个小圆并添加尺寸	4. 修剪删除多余的线段
图示		
图示		

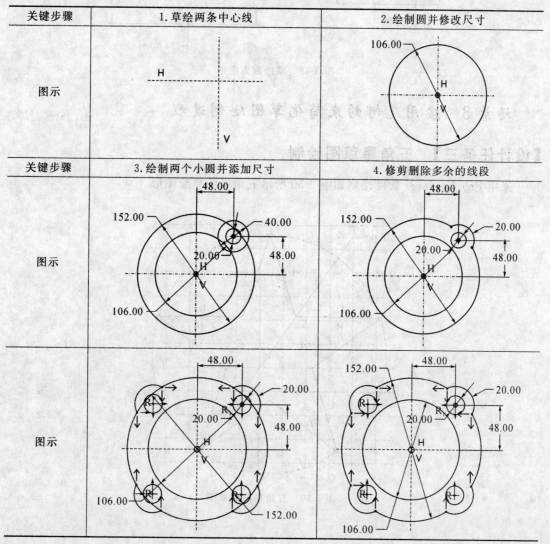

注:图元修剪方法

单击草绘工具栏中的"删除段"按钮ᛋ，然后点击需要删除的线段即可。

【工程案例练习】

采用 Pro/Engineer 软件绘制如图 3-49 所示草绘图形，并标注尺寸。

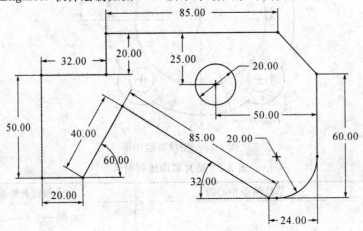

图 3-49　草绘截面图形

场景3　应用几何约束简化草图绘制过程

【设计任务三】　五角星草图绘制

采用 Pro/Engineer 软件绘制如图 3-50 所示五角星的草绘图形。

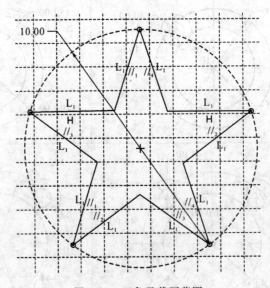

图 3-50　五角星截面草图

【学习目标】

　　1.巩固草图绘制与编辑命令。
　　2.巩固尺寸标注的基本方法。
　　3.学习几何约束的添加方法。

【相关知识点】

　　几何约束的类型
　　草图对象之间的平行、垂直、共线和对称等几何关系称为几何约束。几何约束可以替代某些尺寸标注，运用几何约束可以提高绘图的速度和精度。Pro/Engineer 提供了九种约束类型，如表 3-3 所示。

表 3-3　草绘工具栏按钮及含义

约束添加对话框	按钮	名称	符号	含义
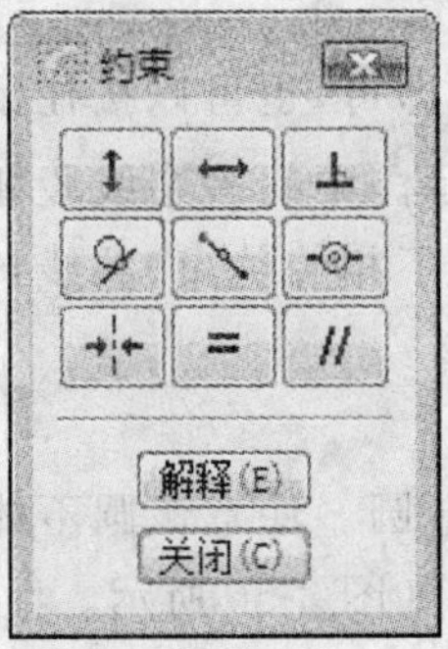	↕	竖直约束	V	使直线竖直或两点在同一竖直线上
	↔	水平约束	H	使直线水平或两点在同一水平线上
	⊥	垂直约束	⊥₁	使两直线相互垂直
	⤾	相切约束	T	使两图元相切
	↘	中点约束	*	使图元端点在直线的中点处
	◈	对齐约束	∂	使两图元共线、两点重合、两点对齐或点在线上
	⊣⊢	对称约束	←	使两图元对称
	=	相等约束	L，R₁	等半径、等长
	∥	平行约束	∥₁	使两直线平行

【操作步骤】

　　步骤 1　设置工作目录
　　单击菜单【文件】→【设置工作目录】命令，将文件放置在自己建立的文件夹下。
　　步骤 2　新建文件
　　单击工具栏中的新建文件按钮🗋，在弹出的【新建】对话框中选择"草绘"类型，在【名称】栏输入新建文件名"Wujiaoxing"。单击"确定"按钮，进入二维草绘环境。
　　步骤 3　草绘图形
　　(1)绘制圆
　　点击草绘工具栏中的圆绘制按钮〇，采用圆心半径方式绘制圆，双击圆上的直径尺寸，在弹出的编辑框中输入 10 后按回车键确定，圆自动调整大小，结果如图 3-51 所示。
　　(2)在圆上绘制五角星
　　点击草绘工具栏中的直线绘制按钮＼，绘制如图 3-52 所示五角星直线。注意使直线的端点落在圆上，系统会自动进行捕捉。

（3）约束添加

点击工具栏上的"约束添加"按钮 ，弹出【约束】对话框，在其中点击"相等约束"按钮 ，依次选择五角形的两条边，系统会在每条边上添加一个相等约束 L_1，结果如图 3-53 所示。

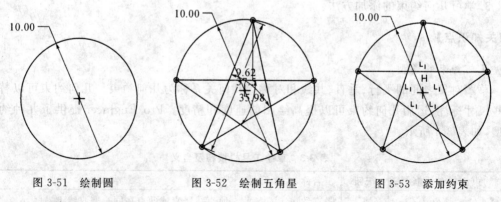

图 3-51 绘制圆   图 3-52 绘制五角星   图 3-53 添加约束

（4）删除中间多余线段

单击草绘工具栏中的"删除段"按钮 ，然后点击需要删除的线段即可，也可以按住鼠标左键移动鼠标，这时与鼠标轨迹相交的线段均被删除，如图 3-54 所示。中间多余线段删除后，系统会自动对约束进行修改，结果如图 3-55 所示，其中自动添加了相等约束、共线约束和平行约束。

（5）将外圆改变为构造圆

点击选中外圆，右键弹出快捷菜单，点击"构建"选项，圆会变为构造圆。注意该圆不能删除，否则会缺少约束参照，变为欠约束。关闭尺寸与约束显示后，结果如图 3-56 所示。

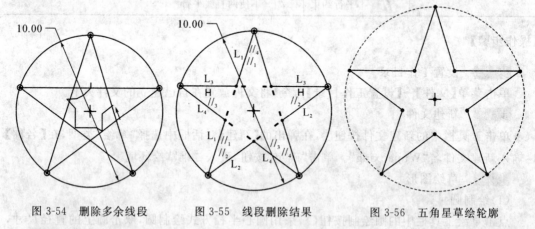

图 3-54 删除多余线段   图 3-55 线段删除结果   图 3-56 五角星草绘轮廓

步骤 4 文件保存

单击菜单【文件】→【保存】命令，保存当前模型文件。

【设计任务四】 花状图形草绘设计

采用 Pro/Engineer 软件绘制如图 3-57 所示花状草绘图形。

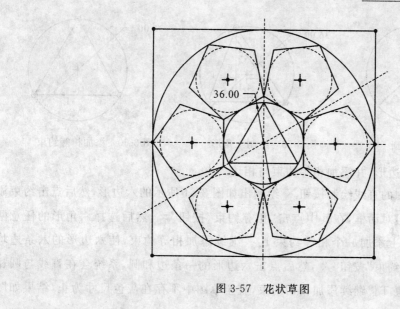

图 3-57　花状草图

【学习目标】

1. 学习相等约束、相切约束的添加方法。
2. 巩固图元镜像的使用方法。

【操作步骤】

步骤 1　设置工作目录

单击菜单【文件】→【设置工作目录】命令,将文件放置在自己建立的文件夹下。

步骤 2　新建文件

单击工具栏中的新建文件按钮 ,在弹出的【新建】对话框中选择"草绘"类型,在【名称】栏输入新建文件名"Hua"。单击"确定"按钮,进入二维草绘环境。

步骤 3　草绘几何图形

(1)草绘圆。

利用草绘工具栏中的圆绘制按钮 ○ 绘制出如图 3-58 所示的圆,并编辑修改圆的直径尺寸为 36。

(2)在圆内绘制三角形并添加相等约束。

利用草绘工具栏中的直线绘制按钮 \ 绘制出如图 3-59 所示的三条直线,在绘制直线时使直线的端点自动落在圆上。点击约束添加按钮 ,弹出【约束】对话框,在其中点击"相等约束"按钮 ═ ,然后选择三角形的两条边,系统会在每条边上添加一个相等约束 L_1。继续添加相等约束,直至草图中不存在灰色尺寸为止。

图 3-58 绘制圆　　　　图 3-59 绘制三角形　　　　图 3-60 添加相等约束

（3）在圆外绘制六边形，并添加相等约束与相切约束。

利用草绘工具栏中的直线绘制按钮 ＼ 绘制出如图 3-61 所示的六边形，然后点击约束添加按钮 ，弹出【约束】对话框，在其中点击"相等约束"按钮 ，然后选择六角形的任意两条边，系统会在每条边上添加一个相等约束 L_2。继续添加相等约束，使六边形的六条边均相等。接着点击"相切约束"按钮 ，然后点击六边形的一条边和圆，系统会在直线与圆相切处添加一个相切约束 T。继续添加相切约束，直至草图中不存在灰色尺寸为止，结果如图 3-62 所示。

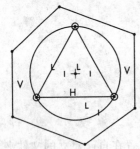

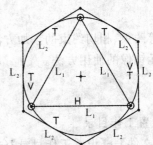

图 3-61 绘制六边形　　　　　图 3-62 添加相等与相切约束

（4）在六边形右边绘制如图 3-63 所示五边形，并添加相等约束，结果如图 3-64 所示。

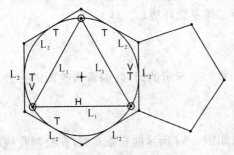

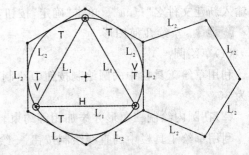

图 3-61 绘制五边形　　　　　图 3-62 添加相等约束

（5）在五边形内绘制如图 3-63 所示的圆，并添加相切约束使圆与五边形相切，结果如图 3-64 所示。

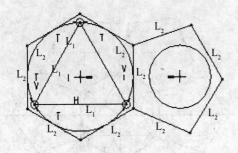

图 3-63　绘制圆

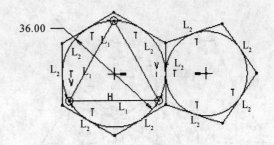

图 3-64　添加相切约束

（6）将五边形内的圆改变为构造圆

点击选中五边形内的圆,然后按住鼠标右键弹出如图 3-65 所示的快捷菜单,选择其中的"构建"选项,此时圆会变为构建圆,如图 3-66 所示。

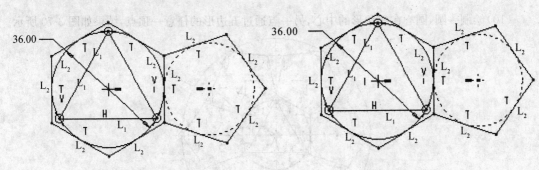

图 3-65　快捷菜单　　　　　　　　　　图 3-66　构造圆

（7）绘制一中心线,然后将五边形进行镜像,结果如图 3-67 所示。

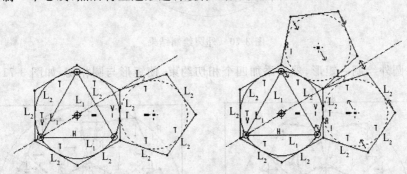

图 3-67　镜像中心线绘制及五边形镜像结果

（8）绘制一竖直中心线,然后对右边两个五边形进行镜像,结果如图 3-68 所示。

（9）绘制一水平中心线,选择上边两个五边形进行镜像,结果如图 3-69 所示。

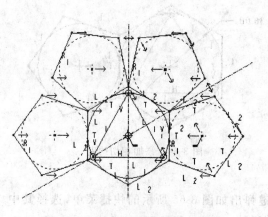

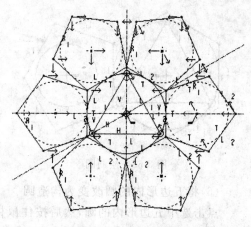

图 3-68　竖直中心线绘制及镜像结果　　　　　图 3-69　水平中心线绘制及镜像结果

（10）绘制一圆,圆心在三角形的中心,另一点通过五边形的任意一顶点,结果如图 3-70 所示。

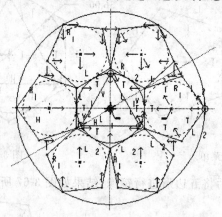

图 3-70　外圆绘制结果

（11）在圆外绘制一矩形,然后添加四个相切约束,使矩形与圆相切,如图 3-71 所示。

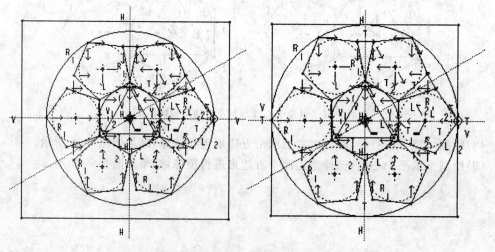

图 3-71　四边形绘制及相切约束添加

（12）关闭约束符号，打开尺寸标注，结果如图 3-72 所示。

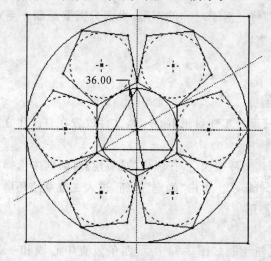

图 3-72 最终草绘结果

步骤 文件保存

单击菜单【文件】→【保存】命令，保存当前模型文件。

综合工程案例实战演练

【设计任务五】 手柄状图形草绘设计

绘制如图 3-73 所示二维草绘图形。

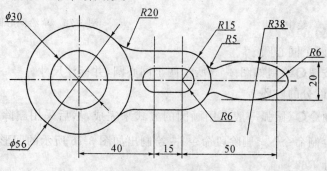

图 3-73 草绘图形

【学习目标】

1. 草图绘制与尺寸、约束添加综合应用。
2. 构造线的绘制方法。

【设计思路】

从总体角度出发，先创建中心线，确定图元间的相互位置关系，然后从左到右分部进行绘制，必要时需要绘制辅助线（即构造线）。过渡部分的圆弧一般采用倒圆角方式来创建，很少采用画圆弧的方式来创建。圆弧一般也可采用画圆的方式来创建,然后采用"删除段"命令 ✂ 删除多余的线段即可。对于对称的图形,大多只需要绘制一半或其中一部分即可,其余部分可用镜像方式来生成。

【操作步骤】

步骤 1 设置工作目录

单击菜单【文件】→【设置工作目录】命令,将文件放置在自己建立的文件夹下。

步骤 2 新建文件

单击工具栏中的新建文件按钮 □,在弹出的【新建】对话框中选择"草绘"类型,在【名称】栏输入新建文件名"Shoubing"。单击"确定"按钮,进入二维草绘环境。

步骤 3 草绘几何图形

(1)草绘中心线

通过中心线绘制按钮绘制如图 3-74 所示四条竖直中心线和一条水平中心线,并标注尺寸。

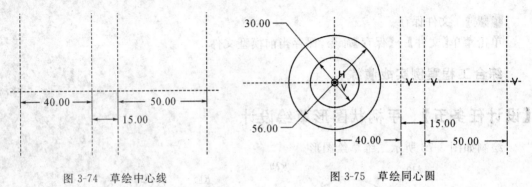

图 3-74 草绘中心线　　　　　图 3-75 草绘同心圆

(2)绘制左边两个同心圆

通过圆绘制按钮 ○ 绘制如图 3-75 所示两个同心圆,并标注尺寸。

(3)绘制中间部分的内环

通过圆绘制命令 ○(圆弧一般采用画圆的方式来完成,然后采用删除段命令 ✂ 删除多余的部分)、直线绘制命令 ＼、删除段命令 ✂ 绘制出如图 3-76 所示的回形轮廓,并添加等半径约束和半径尺寸 R6。

(4)绘制中间部分的外环

通过圆绘制命令 ○、直线绘制命令 ＼、删除段命令 ✂ 绘制出如图 3-77 所示的外形轮廓,并添加半径尺寸 R15。

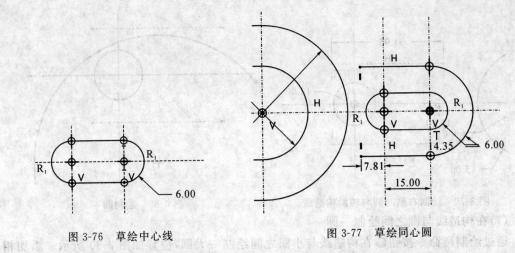

图 3-76　草绘中心线　　　　　　图 3-77　草绘同心圆

(5)倒圆角并修改圆角尺寸

采用倒圆角命令 ![按钮] 按钮实现圆与直线间的过渡,并添加等半径约束 R_2 和半径尺寸 $R20$,如图 3-78 所示。

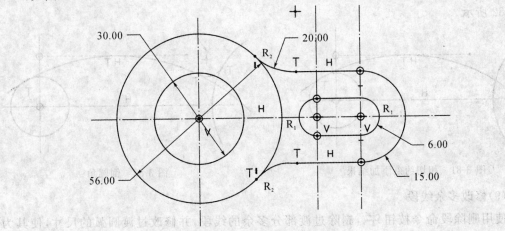

图 3-78　过渡部分倒圆角

(6)绘制右侧小圆和构造线

通过绘制圆命令按钮 ○、绘制直线命令按钮 ╲ 绘制如图 3-79 所示的两条直线和一个圆,然后点击直线将其选中,右键弹出快捷菜单,选择其中的"构建"选项,该直线会变为辅助构造线。

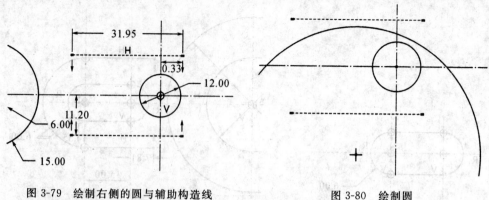

图 3-79　绘制右侧的圆与辅助构造线　　　　图 3-80　绘制圆

（7）在构造线与圆之间绘制一圆

通过绘制圆命令按钮○在构造线与小圆之间绘制一大圆，位置如图 3-80 所示。添加相切约束，使大圆外切于构造线，内切于小圆，结果如图 3-81 所示。

（8）倒圆角

使用倒圆角命令按钮，点击大圆及中间部分 R15 的圆弧，系统创建出过渡圆弧，如图 3-82 所示。

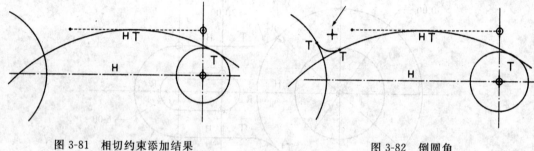

图 3-81　相切约束添加结果　　　　　图 3-82　倒圆角

（9）修改多余线段

使用删除段命令按钮，删除过渡部分多余的线段，并修改过渡圆弧的尺寸，使其为 R5，结果如图 3-83 所示。

（10）镜像

先选中右侧手柄上半部的图元（可框选，可点选），然后点击镜像按钮，再选择水平中心线，系统镜像结果如图 3-84 所示。

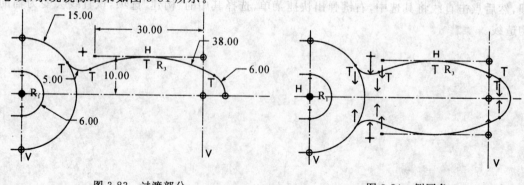

图 3-83　过渡部分　　　　　图 3-84　倒圆角

(11)调整尺寸位置

通过点击相应的尺寸数值,按住鼠标左键拖动鼠标,将尺寸拖动到合适的位置,结果如图 3-85 所示。

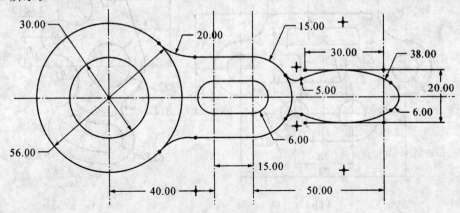

图 3-85　草图最终结果

【综合案例练习】

绘制如图 3-86 所示各草绘图形,并标注尺寸。

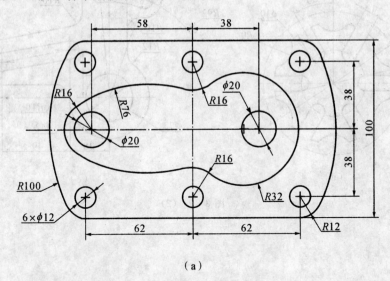

（a）

图 3-86　（1）

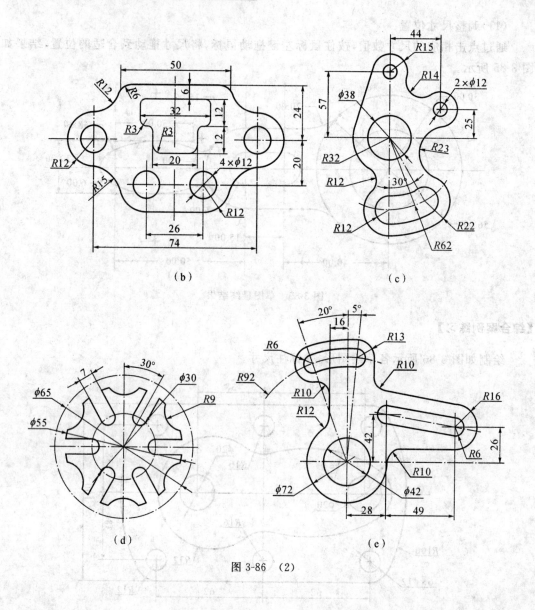

图 3-86 （2）

学习情景 4

三维零件数字化设计基础

认知 1　特征与参数化特征造型

Pro/Engineer 软件采用基于特征的参数化造型技术。每个零件均由一个或多个特征组成。所谓特征就是具有一定形状和尺寸的几何体,它能够区别于其他事物存在。如同人主要由头、手、脚、躯干等几部分组成,其中手、脚就是其主要的特征。Pro/Engineer 软件的特征构成如图 4-1 所示。图 4-2 所示为零件特征造型的实例。

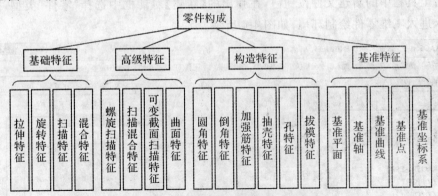

图 4-1　Pro/Engineer 软件的特征构成

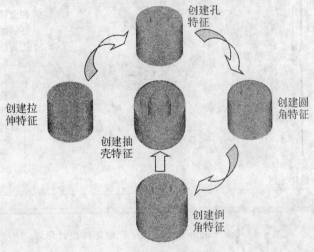

图 4-2　零件特征造型实例

　　参数化建模是在 20 世纪 80 年代末逐渐占据主导地位的一种计算机辅助设计方法。它将零件的主要尺寸用参数来表示，当参数取不同的值时可以得到不同大小的一组零件。矩形的参数化如图 4-3 所示。

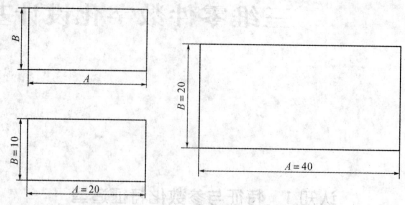

图 4-3　参数化设计实例

认知 2　三维零件设计环境认知

　　单击工具栏中的新建文件按钮□，在弹出的【新建】对话框中选择"零件"类型，按下"确定"按钮，进入三维零件绘制环境，如图 4-4 所示。

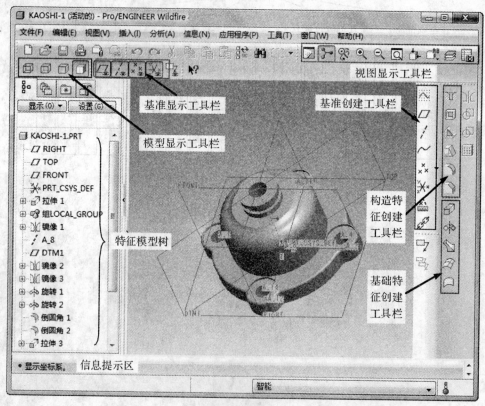

图 4-4　Pro/Engineer Wildfire 三维零件设计环境

与传统的 Windows 软件一样，Pro/Engineer Wildfire 4.0 的三维零件设计环境包含了所有的菜单和工具栏。除此以外还包含了模型树、信息提示区、状态栏等。

其中模型树用于记录零件的特征创建过程，便于单个特征的编辑。信息提示区用于显示重要的提示，包括当前操作的状态信息、警告信息以及要求输入的必要参数、错误信息等。状态栏用于显示系统当前的状态，如模型再生状态、暂停状态等。

场景 1　以拉伸方式创建三维零件模型

【工程案例一】　轴承座的三维数字化建模

某机械厂生产如图 4-5 所示轴承座，要求建立其三维数字化模型。

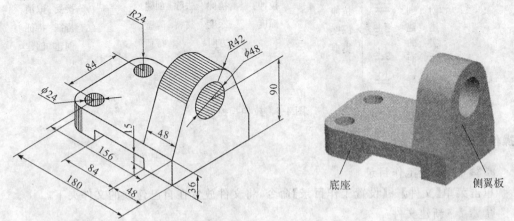

图 4-5　轴承座模型

【学习目标】

学习拉伸特征的创建方式。

【零件造型分析】

整个轴承座由底座和支撑板构成，而底座和支撑板均可通过截面拉伸方式创建而成。其创建过程如表 4-1 所示。

表 4-1　轴承座的三维造型过程

关键步骤	1.拉伸添加底座	2.拉伸切割底座	3.拉伸添加侧翼
图示			

【相关知识点】

1.拉伸特征的定义

拉伸特征是将二维截面沿指定方向延伸指定距离而形成的一种三维特征。它是创建三维模型的最基本方法。

2.拉伸特征在零件造型中的作用

拉伸特征主要应用于截面相等且拉伸方向与截面垂直的场合。

3.拉伸特征的操作面板

创建拉伸特征需要确定一些主要参数,如拉伸方向、拉伸长度等,这些均通过拉伸操作面板来确定,如图 4-6 所示。

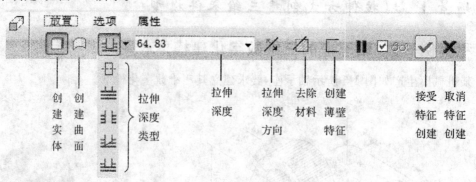

图 4-6　拉伸操控板

【操作步骤】

步骤 1　设置工作目录

单击菜单【文件】→【设置工作目录】命令,将文件放置在自己建立的文件夹下。

步骤 2　新建文件

单击工具栏中的新建文件按钮 🗋,在弹出的【新建】对话框(图 4-7)中选择"零件"类型,单击"使用缺省模板"复选框取消选中标志,在【名称】栏输入新建文件名"Part4-1"。单击"确定"按钮,打开【新文件选项】对话框(图 4-8)。选择"mmns_part_solid"模板,按下"确定"按钮,进入三维零件绘制环境。

图 4-7　【新建】对话框

图 4-8　【新文件选项】对话框

注:mmns_part_solid 为公制单位,其中 mm 为毫米、n 为牛顿、s 为秒。

在三维零件绘制环境中，默认的有基准平面（FRONT、TOP、RIGHT）、坐标系（PRT_CSYS_DEF），如图 4-9 所示，它们的打开和关闭，可以通过屏幕上的基准显示工具栏的四个按钮来控制，如图 4-10 所示。

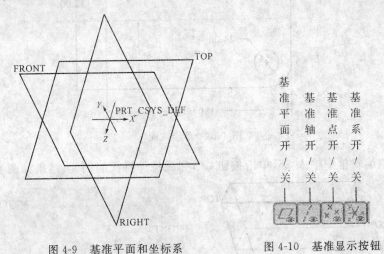

图 4-9　基准平面和坐标系

图 4-10　基准显示按钮

步骤 3　通过拉伸创建基础底座

① 单击 按钮，打开拉伸特征操控板。

② 单击【放置】面板中的【定义】按钮，打开【草绘】对话框，如图 4-11 所示。

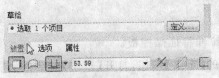

图 4-11　拉伸特征操控板设置

③ 选择 TOP 基准面为草绘平面，参照面及方向为缺省值（此处为 RIGHT 基准面），如图 4-12 所示。

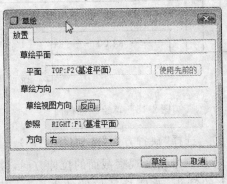

图 4-12　草绘平面与方向选择对话框

④ 单击 按钮，将模型显示类型改为线框结构。

⑤ 绘制如图 4-13 所示的二维截面。

⑥ 单击完成按钮 ，返回拉伸特征操控板。

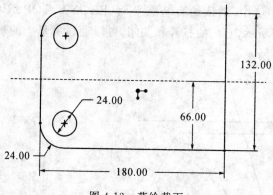

图 4-13 草绘截面

⑦ 在数值编辑框中输入 36，单击按钮 ✔，完成拉伸特征的创建，结果如图 4-14 所示。

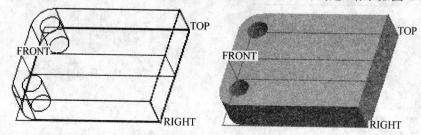

图 4-14 底座拉伸结果

步骤 4 拉伸切割底座

① 单击按钮 ，打开拉伸特征操控板。

② 单击【放置】面板中的【定义】按钮，打开【草绘】对话框。

③ 选择底座前表面为草绘平面，单击草绘按钮，系统进入草绘工作环境。

④ 单击草绘按钮，系统进入草绘工作环境。

⑤ 绘制如图 4-15 所示矩形二维截面。单击完成按钮 ✔，返回拉伸特征操控板。

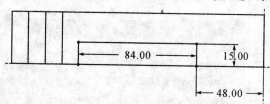

图 4-15 草绘二维截面

⑥ 单击视图控制按钮 ，选择"缺省方向"选项（图 4-16）。

注：此操作的目的在于可从三维角度观察截面的拉伸方向，避免拉伸方向选错。

⑦通过点击拉伸特征上的箭头，改变特征拉伸的方向，使其与前拉伸特征重叠，如图 4-17所示。

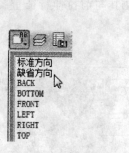

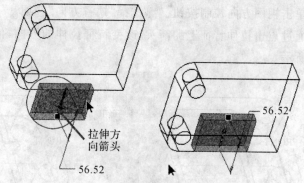

图 4-16　视图控制

图 4-17　拉伸方向改变

⑧按下去除材料按钮,改"特征添加"为"特征切除"。

⑨点击中的下拉箭头,选择按钮,确定拉伸长度为"穿透整个零件"。

⑩单击操控板上的按钮✔,完成拉伸特征的创建,结果如图 4-18 所示。

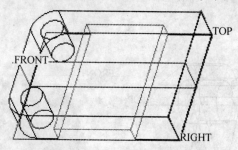

图 4-18　拉伸切割结果

步骤 5　拉伸添加支撑板

① 单击按钮,打开拉伸特征操控板。

② 单击【放置】面板中的【定义】按钮,打开【草绘】对话框。

③ 选择零件右表面为草绘平面,参照面按缺省值设置。

④ 单击草绘按钮,系统进入草绘工作环境。

⑤ 绘制如图 4-19 所示二维截面。单击草绘完成按钮✔,返回拉伸特征操控板。

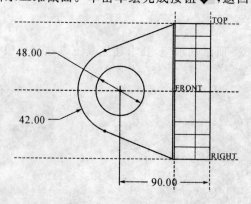

图 4-19　草绘二维截面

⑥ 单击视图方向控制按钮 🔲,选择"缺省方向"选项。

⑦ 通过点击拉伸特征上的箭头,改变特征拉伸的方向,使其与前拉伸特征重叠,结果如图 4-20 所示。

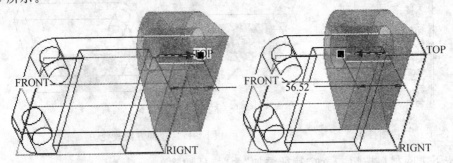

图 4-20 拉伸方向改变

⑧ 在数值编辑框中输入 48,单击操控板上的按钮 ✔,完成拉伸特征的创建,结果如图 4-21 所示。

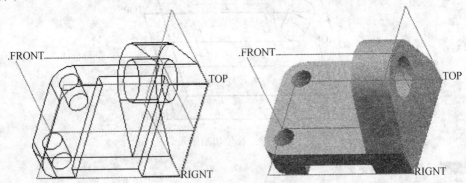

图 4-21 轴承座模型创建结果

步骤 6 文件保存

单击菜单【文件】→【保存】命令,保存当前模型文件。保存后文件名为 zhouchengzuo. prt,其中 prt 为三维零件图形的后缀名。

【举一反三】

某机械厂生产如图 4-22 所示轴承座,要求建立其三维数字化模型。

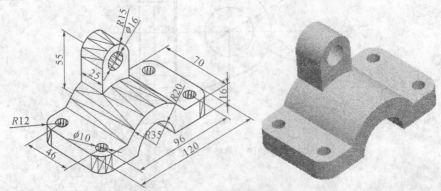

图 4-22 某轴承座模型

建模提示如表 4-2 所示。

表 4-2　建模提示

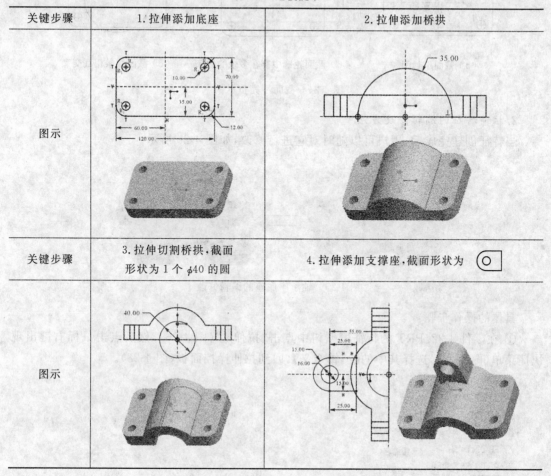

关键步骤	1.拉伸添加底座	2.拉伸添加桥拱
图示		

关键步骤	3.拉伸切割桥拱,截面形状为 1 个 φ40 的圆	4.拉伸添加支撑座,截面形状为 ⊙
图示		

【小结】

1.拉伸特征创建失败的原因及处理方法

在截面拉伸过程中,当出现如图 4-23 所示【不完整截面】对话框时,此时应利用系统在截面上的提示点检查所创建的截面是否存在以下问题:(1)截面不封闭;(2)截面轮廓中存在多余的线条;(3)截面线条相互交叉。如图 4-24 所示。

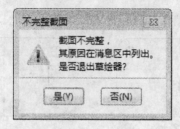

图 4-23　截面不完整提示对话框

另外也可以根据截面中是否存在多余的尺寸来检查截面不完整的原因。

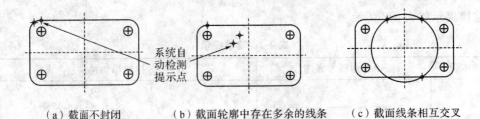

（a）截面不封闭   （b）截面轮廓中存在多余的线条   （c）截面线条相互交叉

图 4-24   截面不完整示例

2.拉伸特征的编辑修改方法

当特征创建完成后，用户可以随时对它进行修改，如图 4-25 所示。

图 4-25   轴承座底座的编辑修改

具体的操作步骤：

① 在零件 4-22.PRT 的特征模型树中点击"拉伸1"（图 4-26），然后点击鼠标右键出现快捷菜单（图 4-27），选择其中的【编辑定义】，回到拉伸操控面板（图 4-28）。

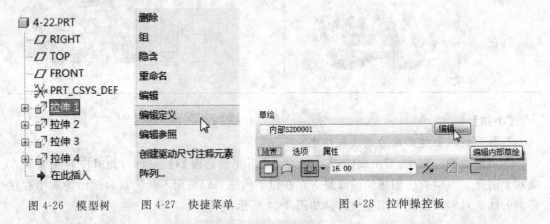

图 4-26   模型树   图 4-27   快捷菜单   图 4-28   拉伸操控板

② 单击【放置】面板中的【编辑】按钮，进入二维草绘环境。截面的改变如图 4-29 所示。

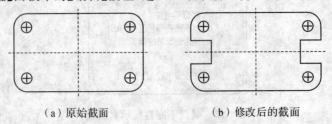

（a）原始截面   （b）修改后的截面

图 4-29

③ 单击草绘完成按钮 ✔，返回拉伸特征操控板。

④ 单击操控板上的按钮 ✔，完成底座拉伸特征的编辑修改。

⑤ 单击菜单【文件】→【保存副本】命令，在【保存副本】对话框中"新建名称"选项中输入文件名 4-22b，按下"确定"按钮，以不同的文件名保存当前模型文件。

【工程案例练习】

创建图 4-30、图 4-31 所示各零件的三维数字化模型。

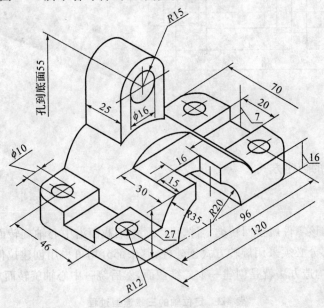

图 4-30

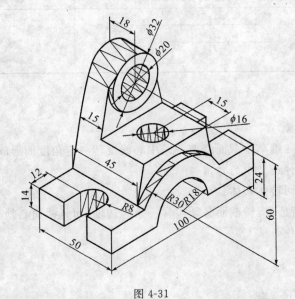

图 4-31

场景2 以旋转方式创建三维零件模型

【工程案例二】 定位轴的三维数字化建模

某机械厂生产如图 4-32 所示定位轴,要求建立其三维数字化模型。

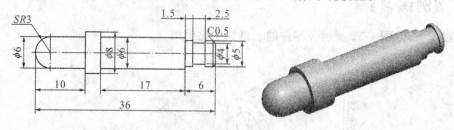

图 4-32 定位轴模型

【学习目标】

学习旋转特征的创建方式。

【零件造型分析】

从结构上来看,该零件属于回转类零件,可以看作某截面沿中心轴旋转而成。从造型的角度来看,除了圆头部分必须采用旋转方式创建外,其余部分均可采用创建拉伸特征的方式来构造。不过最直接的构造方法就是创建一个二维截面,然后绕一中心轴旋转而成,如表4-3所示。

表 4-3 定位轴的三维造型过程

关键步骤	1.创建旋转封闭截面	2.截面旋转结果
图示		

【相关知识点】

1.旋转特征的定义

旋转特征就是将二维草绘截面绕着一条中心线旋转一定角度而形成的特征。

2.旋转特征在零件造型中的作用

主要适用于创建回转体实体。

注:要创建旋转特征,旋转截面必须包含一条旋转轴,而且截面必须处在旋转轴的一侧。

3.旋转特征的操作面板

如图 4-33 所示。

【操作步骤】

步骤1 设置工作目录

单击菜单【文件】→【设置工作目录】命令,将文件放置在自己建立的文件夹下。

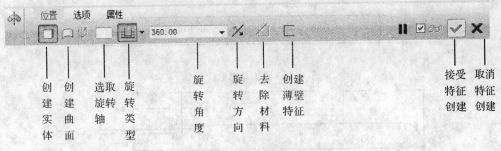

图 4-33　旋转特征操作面板

步骤 2　新建文件

单击工具栏中的新建文件按钮，在弹出的【新建】对话框中选择"零件"类型，单击"使用缺省模板"复选框取消选中标志，在【名称】栏输入新建文件名"Dingweizhou"。单击"确定"按钮，打开【新文件选项】对话框。选择"mmns_part_solid"模板，按下"确定"按钮，进入三维零件绘制环境。

步骤 3　通过旋转创建定位轴

① 单击 按钮，打开旋转特征操控板。

② 单击【放置】面板中的【定义】按钮，打开【草绘】对话框，如图 4-34 所示。

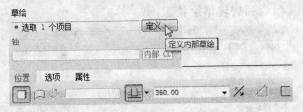

图 4-34　旋转特征操控板设置

③ 选择 FRONT 基准面为草绘平面，参照面及方向为缺省值（此处为 RIGHT 基准面），如图 4-35 所示。单击"草绘"按钮进入草绘状态。

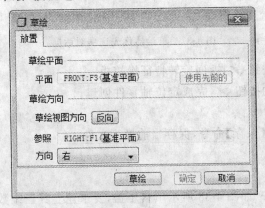

图 4-35　草绘平面与方向选择对话框

④ 绘制如图 4-36 所示的二维截面和中心线。（注意：系统默认的两条垂直参考线并非是中心线，中心线需要通过绘制中心线图标另外绘制。）

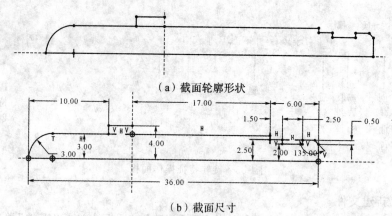

（a）截面轮廓形状

（b）截面尺寸

图 4-36　旋转截面及中心轴

注：由于该截面尺寸较小，用户在草绘会自动添加一些不必要的约束，如等长、垂直，导致尺寸无法正常修改，这在用户初学时最容易出的问题。解决的方法是去除一些系统自动添加的约束。具体操作步骤如下：

（1）选择主菜单【草绘】→【选项】命令，弹出【草绘器优先选项】对话框。

（2）将对话框切换到"约束"属性页，保留其中的水平、竖直约束，其余均去除，如图 4-37 所示。单击完成按钮✔，返回旋转草绘状态。

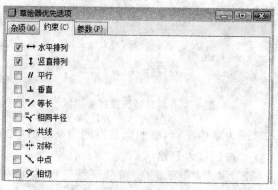

图 4-37　草绘器优先选项对话框

⑤ 单击草绘完成按钮✔，返回旋转特征操控板。

⑥ 单击操控板上的按钮✔，完成定位轴零件创建。

步骤4　文件保存

单击菜单【文件】→【保存】命令，保存当前模型文件。

【举一反三】

某泵业有限公司生产如图 4-38 所示填料压盖，要求建立其三维数字化模型。

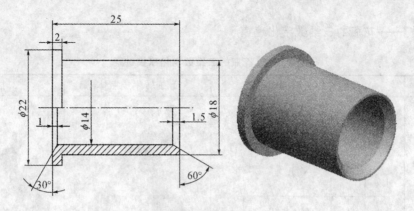

图 4-38   填料压盖

建模提示如表 4-4 所示。

表 4-4   建模提示

关键步骤	1. 草绘旋转截面	2. 拉伸添加桥拱
图示	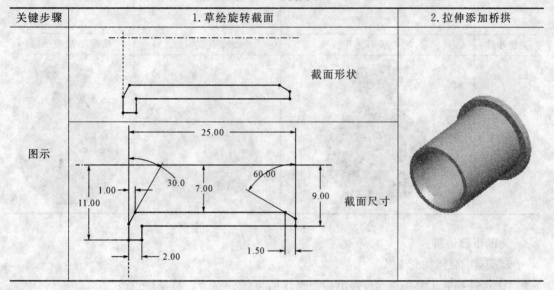	

【小结】

旋转特征创建失败的原因及处理方法:(1)没有绘制旋转中心线;(2)截面穿过中心线,即旋转截面位于中心线的两侧(如图 4-39 所示);(3)截面不完整,当创建的旋转特征为实体时其旋转截面要封闭。

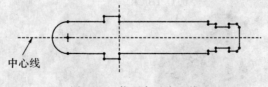

图 4-39   截面穿过中心线

【趣味建模】——花瓶的三维数字化建模

表 4-5　花瓶的三维数字化建模过程

关键步骤	1.草绘旋转截面和中心线	2.旋转生成瓶体	3.抽壳
图示			

关键步骤	4.渲染成陶艺花瓶	5.渲染成铜瓶	6.渲染成玻璃瓶
图示			

关键步骤讲解：

步骤3　瓶体抽壳

① 点选抽壳工具图标囗,弹出抽壳操作面板(图 4-40)。将厚度值改为 2。

图 4-40　抽壳操作面板

② 点击瓶口上表面,点击操作面板上的"确定"按钮,抽壳即完成。

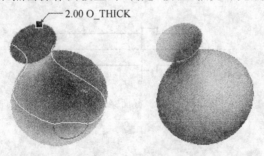

图 4-41　抽壳操作

步骤4 花瓶渲染

选择主菜单【视图】→【颜色与外观】命令,弹出【外观编辑器】对话框(图 4-42),点击其中的●球体,并按下"应用"按钮,然后点击"关闭"按钮,模型材质即发生改变。

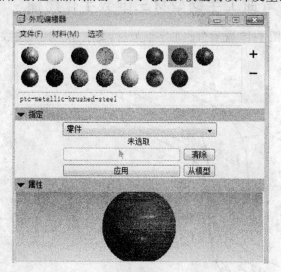

图 4-42 外观编辑器对话框

【工程案例练习】

创建图 4-43、图 4-44 所示各零件的三维数字化模型。

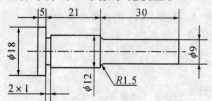

图 4-43 凸模

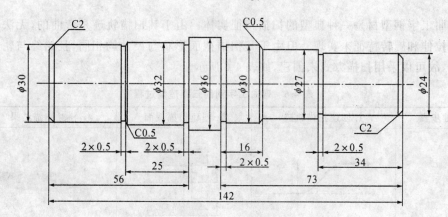

图 4-44 传动轴

场景3　以扫描方式创建三维零件

【工程案例三】　弯曲工字钢型材三维数字化建模

某钢铁厂生产如图 4-45 所示弯曲工字钢型材，要求建立其三维数字化模型。

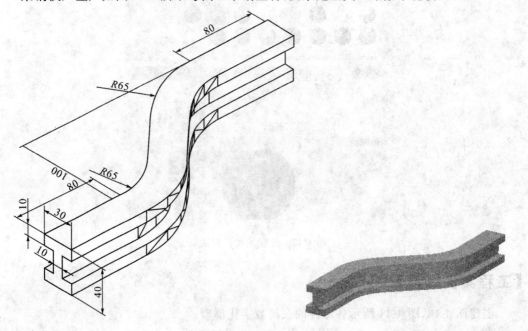

图 4-45　弯曲工字钢模型

【学习目标】

学习扫描特征的创建方式。

【零件造型分析】

弯曲工字钢型材是一种典型的扫描特征实体。由于其扫描轨迹是弯曲的，无法用前面所讲的拉伸和旋转特征来实现。但由于其扫描截面形状与尺寸均相同，且始终与轨迹路线相垂直，故可以采用扫描方式来创建，如表 4-6 所示。

表 4-6　弯曲工字钢的三维造型过程

关键步骤	1.创建扫描轨迹	2.创建扫描截面	3.扫描结果
图示			

【相关知识点】

1．扫描特征的定义

扫描特征是草绘截面沿着草绘轨迹扫掠而形成的一种特征。

2．扫描特征在零件造型中的作用

扫描特征用于创建扫描截面形状与尺寸均相同，且始终与轨迹路线相垂直的一类零件。

【操作步骤】

步骤1 设置工作目录

单击菜单【文件】→【设置工作目录】命令，将文件放置在自己建立的文件夹下。

步骤2 新建文件

单击工具栏中的新建文件按钮□，在弹出的【新建】对话框中选择"零件"类型，单击"使用缺省模板"复选框取消选中标志，在【名称】栏输入新建文件名"Gongzigang"。单击"确定"按钮，打开【新文件选项】对话框。选择"mmns_part_solid"模板，按下"确定"按钮，进入三维零件绘制环境。

步骤3 扫描创建弯曲工字钢

① 选择主菜单【插入】→【扫描】→【伸出项】命令，弹出【伸出项：扫描】对话框（图4-46），选择"草绘轨迹"选项，弹出【设置草绘平面】对话框（图4-47），点击其中的"平面"选项，弹出【选取】对话框（图4-48），在工作窗口中点选TOP基准面为草绘平面，弹出【方向】设置对话框（图4-49），点击其中的"正向"选项，弹出【草绘视图】对话框（图4-50），选择其中的"缺省"选项，系统进入轨迹草绘状态。

图4-46 伸出项：扫描对话框

 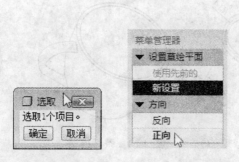 

图4-47 设置平面对话框 图4-48 选取对话框 图4-49 方向对话框 图4-50 草绘视图对话框

② 草绘如图 4-51 所示二维轨迹。单击草绘完成按钮 ✔，进入截面草绘状态。

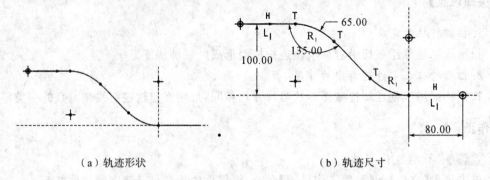

（a）轨迹形状 　　　　　　　　　　　（b）轨迹尺寸

图 4-51　草绘轨迹

③ 草绘如图 4-52 所示二维截面。单击草绘完成按钮 ✔，返回【伸出项：扫描】对话框，点击其中的"确定"按钮，便可完成工字钢的创建。

图 4-53 为草绘轨迹与截面之间的相对位置关系。

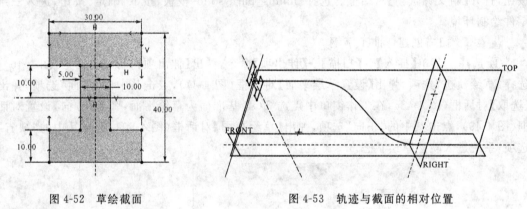

图 4-52　草绘截面 　　　　　　　　　　图 4-53　轨迹与截面的相对位置

步骤 4　文件保存

单击菜单【文件】→【保存】命令，保存当前模型文件。

【工程案例四】　茶杯的三维数字化建模

某瓷器厂生产如图 4-54 所示茶杯，要求建立其三维数字化模型。

图 4-54　茶杯模型

【茶杯造型分析】

茶杯由杯体和杯柄两部分组成。杯体属于回转体类零件,可以通过旋转方式创建而成。杯柄由于各截面形状、尺寸均一样,可以看做是椭圆截面沿轨迹扫描而成,因此可采用扫描方式来构造,如表 4-7 所示。

表 4-7　茶杯的三维造型过程

关键步骤	1. 旋转创建杯体	2. 扫描创建杯柄
图示		

【操作步骤】

步骤 1　设置工作目录

单击菜单【文件】→【设置工作目录】命令,将文件放置在自己建立的文件夹下。

步骤 2　新建文件

单击工具栏中的新建文件按钮□,在弹出的【新建】对话框中选择"零件"类型,单击"使用缺省模板"复选框取消选中标志,在【名称】栏输入新建文件名"Cup"。单击"确定"按钮,打开【新文件选项】对话框。选择"mmns_part_solid"模板,按下"确定"按钮,进入三维零件绘制环境。

步骤 3　旋转创建杯体

杯体的创建有三种方法:直接旋转法、先旋转后抽壳法、薄壁旋转法。如表 4-8 所示。

表 4-8　杯体的三种创建方法比较

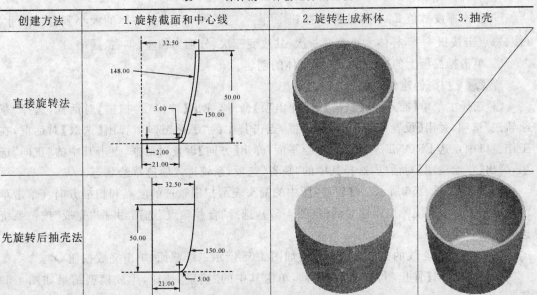

创建方法	1. 旋转截面和中心线	2. 旋转生成杯体	3. 抽壳
直接旋转法			
先旋转后抽壳法			

续 表

创建方法	1. 旋转截面和中心线	2. 旋转生成杯体	3. 抽壳
薄壁旋转法	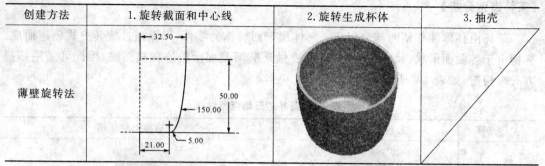		

由于薄壁旋转法最为简单实用,因此本节采用该方法创建杯体。操作步骤如下:

① 单击按钮 ⊕,打开旋转特征操作面板。

② 单击旋转特征操作面板中的加厚草绘按钮 □,并输入厚度数值 2。

③ 单击【放置】面板中的【定义】按钮,打开【草绘】对话框。

④ 选择 FRONT 基准面为草绘平面,参照面及方向为缺省值(此处为 RIGHT 基准面)。单击"草绘"按钮进入草绘状态。

⑤ 绘制如图 4-55 所示的二维截面,单击草绘完成按钮 ✔,返回旋转特征操控板。

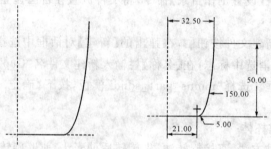

图 4-55　草绘二维截面

⑥ 点击厚度数值 2.00 后的箭头按钮 [2.00 ▼ ✕],以改变杯体的大小到合适尺寸。(注:每点击按钮一下,杯体大小改变一次,共改变三次,分别为偏左、偏右、居中。)

⑦ 单击操控板上的按钮 ✔,完成杯体的创建。

步骤 4　扫描创建杯柄

① 选择主菜单【插入】→【扫描】→【伸出项】命令,弹出【伸出项:扫描】对话框,选择"草绘轨迹"选项,弹出【设置草绘平面】对话框,点击其中的"平面"选项,弹出【选取】对话框,在工作窗口中点选 FRONT 基准面为草绘平面,弹出【方向】设置对话框,点击其中的"正向"选项,弹出【草绘视图】对话框,选择其中的"缺省"选项,系统进入轨迹草绘状态。

② 草绘如图 4-56 所示二维轨迹,图中的箭头表示扫描轨迹的起点和扫描方向。单击草绘完成按钮 ✔,系统弹出属性对话框(图 4-57),选择"合并端点"选项,并按"完成"按钮系统进入截面草绘状态。

③ 以两条中心线的交点为中心草绘如图 4-58 所示二维截面,单击完成按钮 ✔。

④ 系统返回【伸出项:扫描】对话框,单击其中的"确定"按钮,生成模型结果如图 4-59所示。

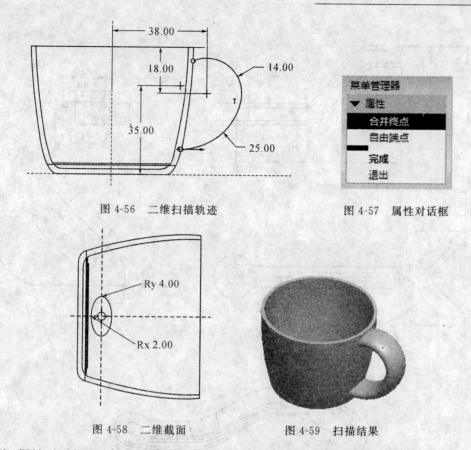

图 4-56　二维扫描轨迹　　　　　　　　图 4-57　属性对话框

图 4-58　二维截面　　　　　　　　　图 4-59　扫描结果

注:属性对话框中"合并终点"与"自由端点"选项的造型区别如图 4-60 所示。

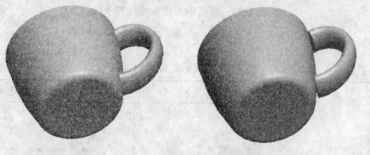

（a）"合并终点"的造型结果　　　　　　（b）"自由端点"的造型结果

图 4-60　"合并终点"与"自由端点"选项的造型区别

步骤5　文件保存

单击菜单【文件】→【保存】命令,保存当前模型文件。

【举一反三】

某机械厂生产如图 4-61 所示拨叉零件,要求建立其三维数字化模型。

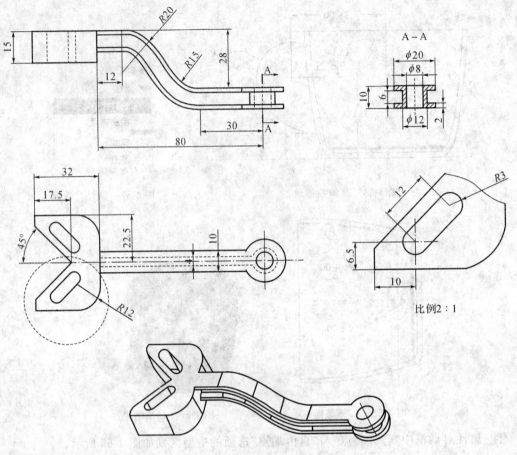

图 4-61　拨叉的三维数字化模型

建模提示如表 4-9。

表 4-9　拨叉的三维造型过程

关键步骤	1.拉伸创建叉嘴	2.扫描创建叉柄
图示		
关键步骤	3.旋转创建叉尾	4.拉伸打孔
图示		

【趣味建模】——爱心的三维数字化建模

试建立图 4-62 所示爱心的三维数字化模型。

图 4-62   爱心模型

表 4-10   爱心的三维数字化建模过程

关键步骤	1.草绘轨迹	2.属性设置	3.草绘截面 （截面为一开放式半圆弧）
图示	100.00 120.00	菜单管理器 ▼ 属性 增加内部因素 无内部因素 完成 退出	10.00 60.00
关键步骤	4.造型结果	5.模型渲染	6.拉伸切割刻字
图示			

【小结】

对于封闭的扫描曲线,有增加内部因素和无内部因素两种属性,当选取无内部因素属性时,扫描截面必须是封闭的,而当选取增加内部因素属性时,扫描截面必须是开放的。

【工程案例练习】

1.创建图 4-63 所示链轮的三维数字化模型。

2.创建图 4-64 所示杯子的三维数字化模型,其尺寸自定。

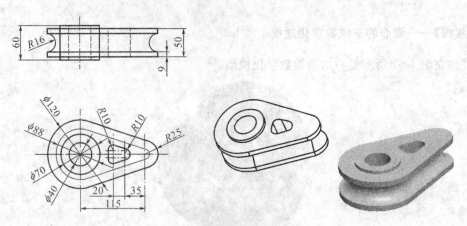

图 4-63　链轮的三维数字化模型

图 4-64　杯子的三维数字化模型

场景 4　以截面混合方式创建三维零件

【工程案例五】　组合体模型的三维数字化建模

某木工机械厂生产如图 4-65 所示组合体模型,要求建立其三维数字化模型。

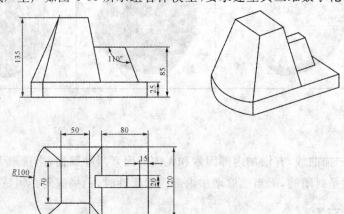

图 4-65　组合体模型

【学习目标】

1.学习平行混合特征的创建方式。
2.学习加强筋特征的创建方式。

【零件造型分析】

该组合体由底板、凸台、加强筋三部分组成。底板可采用拉伸方式来创建。凸台部分由于上下截面形状和尺寸均不相同,无法采用前述的拉伸、旋转、扫描方式来创建,但可以采用即将要学习的混合特征来生成。加强筋部分可以采用拉伸的方式来创建,也可以直接采用加强筋构造特征来创建,本节采用构造加强筋特征的方法来实现。

表 4-11　组合体的三维数字化建模过程

关键步骤	1.拉伸创建底板	2.混合创建凸台	3.创建加强筋
图示	 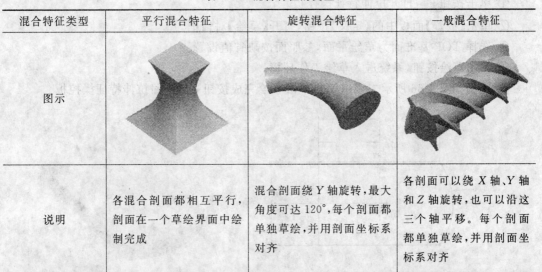		

【相关知识点】

1.混合特征

混合特征是由两个或两个以上剖面在其边角处用过渡曲面连接而成的一个连续特征。混合特征可以实现在一个实体中出现多个不同的截面的要求。

混合特征有三类,即平行混合特征、旋转混合特征、一般混合特征。其区别如表 4-12 所示。

表 4-12　混合特征的类型

混合特征类型	平行混合特征	旋转混合特征	一般混合特征
图示			
说明	各混合剖面都相互平行,剖面在一个草绘界面中绘制完成	混合剖面绕 Y 轴旋转,最大角度可达 120°,每个剖面都单独草绘,并用剖面坐标系对齐	各剖面可以绕 X 轴、Y 轴和 Z 轴旋转,也可以沿这三个轴平移。每个剖面都单独草绘,并用剖面坐标系对齐

2.加强筋特征

筋特征是在两个或两个以上的相邻平面间添加加强筋,该特征是一种特殊的增料特征。根据相邻平面的类型不同,生成的筋分为直筋和旋转筋两种形式。相邻的两个面均为平面时,生成的筋称为直筋,即筋的表面是一个平面;相邻的两个面中有一个为弧面或圆柱面时,草绘筋的平面必须通过圆柱面或弧面的中心轴,生成的筋为旋转筋,其表面为圆锥曲面,如表 4-13 所示。

表 4-13 加强筋的类型

筋类型	1.直筋	2.旋转筋
图示		

【操作步骤】

步骤 1 设置工作目录

单击菜单【文件】→【设置工作目录】命令,将文件放置在自己建立的文件夹下。

步骤 2 新建文件

单击工具栏中的新建文件按钮□,在弹出的【新建】对话框中选择"零件"类型,单击"使用缺省模板"复选框取消选中标志,在【名称】栏输入新建文件名"Zuheti"。单击"确定"按钮,打开【新文件选项】对话框。选择"mmns_part_solid"模板,按下"确定"按钮,进入三维零件绘制环境。

步骤 3 拉伸创建底板

① 单击按钮□,打开拉伸特征操控板。

② 单击【放置】面板中的【定义】按钮,打开【草绘】对话框。

③ 选择 TOP 基准面为草绘平面,参照面按缺省值设置。

④ 单击草绘按钮,系统进入草绘工作环境。

⑤ 绘制如图 4-66 所示二维截面。单击草绘完成按钮✔,返回拉伸特征操控板。

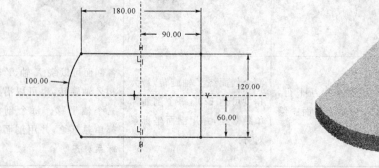

图 4-66 草绘二维截面 　　图 4-67 截面拉伸结果

⑥在数值编辑框中输入 25,单击按钮✔,完成拉伸特征的创建,结果如图 4-67 所示。

步骤 混合创建凸台

① 单击主菜单【插入】→【混合】→【伸出项】命令,弹出【混合选项】对话框(图 4-68),接受默认选择(平行、规则截面、草绘截面),按下"完成"按钮,弹出【属性】对话框(图 4-69),接受默认选择(直的),按下"完成"按钮,弹出【设置草绘平面】对话框(图 4-70),选择拉伸零件的上表面,弹出【方向】对话框(图 4-71),点击"正向"选项,弹出【草绘视图】对话框(图 4-72),选择其中的"缺省"选项,系统进入截面草绘状态。

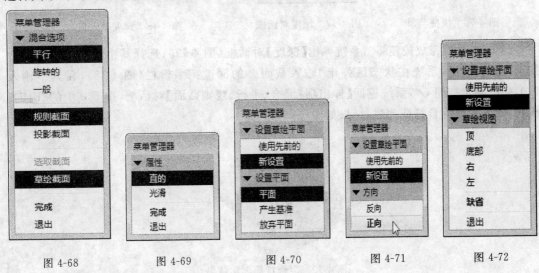

图 4-68　　　　图 4-69　　　　图 4-70　　　　图 4-71　　　　图 4-72

② 草绘如图 4-73 所示二维截面。

③ 点击鼠标右键(按住 1s 以上),系统弹出快捷菜单(图 4-74),点击其中的"切换剖面"选项,系统进入第二个剖面绘制状态。

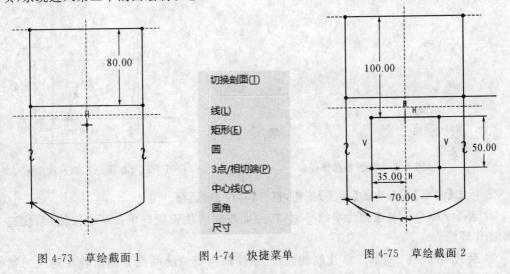

图 4-73　草绘截面 1　　　　图 4-74　快捷菜单　　　　图 4-75　草绘截面 2

④ 绘制如图 4-75 所示二维截面。注意使两截面的起始点位置与方向相一致。若不一致,可用鼠标点击要作为起始点的端点,然后按住鼠标右键,系统弹出快捷菜单(图 4-76),点击其中的"起始点"选项即可;若截面起始点方向不一致,可重复操作一次即可。

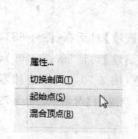

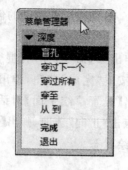

图 4-76　快捷菜单　　　图 4-77　深度对话框　　　图 4-78　深度输入值

⑤ 单击草绘完成按钮 ✓，系统弹出【深度】对话框（图 4-77），选择其中的"盲孔"选项后按下"完成"按钮，系统在状态区弹出"输入截面 2 的深度："编辑栏（图 4-78），在其中输入110，并按确定按钮 ✓，系统返回【伸出项：混合、平行、规则截面】对话框，按下其中的"确定"按钮，便可完成混合特征创建，结果如图 4-79 所示。

图 4-79　混合特征创建结果

步骤5 加强筋创建

① 单击 按钮，打开加强筋特征操作面板（图 4-80）。

图 4-80　加强筋操作面板

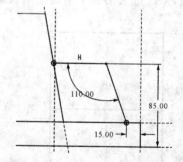

图 4-81　加强筋二维开放截面

② 单击【参照】面板中的【定义】按钮，打开【草绘】对话框。

③ 选择 FRONT 基准面为草绘平面，参照面按缺省值设置。单击草绘按钮，系统进入草绘工作环境。

④ 绘制如图 4-81 所示二维开放截面（注意使两条直线的端点分别附着在对应的端面上）。单击草绘完成按钮 ✓，返回加强筋特征操控板。

⑤ 在加强筋特征操作面板的宽度输入框中输入尺寸 20，并按下完成按钮 ✓，结束加强筋的创建，结果如图 4-82 所示。

图 4-82 加强筋创建结果

步骤 6 文件保存

单击菜单【文件】→【保存】命令，保存当前模型文件。

【混合特征理解造型示例】

表 4-14 混合特征构造示例

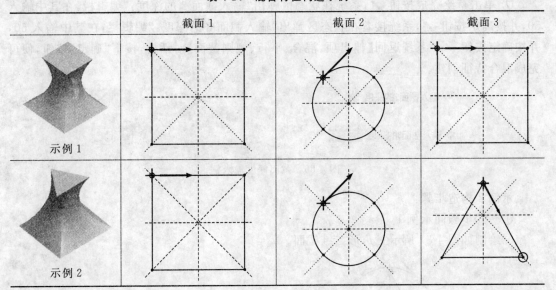

示例 1 构造步骤：

① 单击主菜单【插入】→【混合】→【伸出项】命令，弹出【混合选项】对话框，接受默认选择（平行、规则截面、草绘截面），按下"完成"按钮，弹出【属性】对话框，选择"光滑"选项，按下"完成"按钮，弹出【设置草绘平面】对话框，选择拉伸零件的上表面，弹出【方向】对话框，点击"正向"选项，弹出【草绘视图】对话框，选择其中的"缺省"选项，系统进入截面草绘状态。

② 草绘如图 4-83 所示二维截面。

③ 点击鼠标右键（按住 1s 以上），系统弹出快捷菜单，点击其中的"切换剖面"选项，系统进入第二个剖面绘制状态。

④ 绘制如图 4-84 所示二维截面。注意将整个圆分成四段，并使两截面的起始点位置与方向相一致。若不一致，可用鼠标点击要作为起始点的端点，然后按住鼠标右键，系统弹出快捷菜单，点击其中的"起始点"选项即可；若截面起始点方向不一致，可重复操作一次即可。

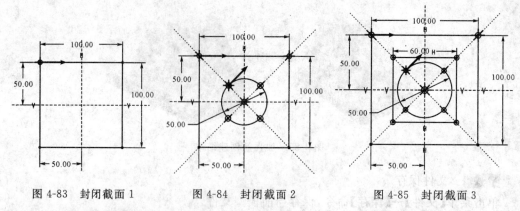

图 4-83　封闭截面 1　　　　　图 4-84　封闭截面 2　　　　　图 4-85　封闭截面 3

⑤ 点击鼠标右键(按住 1s 以上),系统弹出快捷菜单,点击其中的"切换剖面"选项,系统进入第三个剖面绘制状态。

⑥ 绘制如图 4-85 所示二维截面。

⑦ 单击草绘完成按钮 ✔,系统在状态区弹出"输入截面 2 的深度:"编辑栏,在其中输入 50,并按确定按钮 ✔,系统接着在状态区弹出"输入截面 3 的深度:"编辑栏,在其中输入 50,并按确定按钮 ✔。系统返回【伸出项:混合、平行、规则截面】对话框,按下"确定"按钮,便可完成混合特征创建。

图 4-86　截面深度输入框

示例 2 构造步骤:

①～⑤步骤同示例 1。

⑥绘制如图 4-87 所示三角形二维截面。

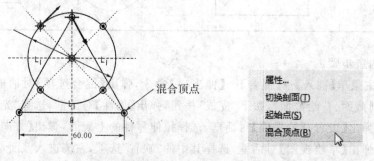

图 4-87　三角形二维截面　　　　图 4-88　快捷菜单

注:由于三角形的图元数为 3,而正方形的图元数为 4,图元数不等,无法直接构造出混合特征,需要将三角形增加一个图元数。具体的方法是将某个顶点作两个点使用。操作步骤如下:点击要作为两个定点使用的点,并按住鼠标右键,弹出快捷菜单(图 4-88),在其中点击"混合顶点"选项即可。

⑦ 单击草绘完成按钮 ✔,系统在状态区弹出"输入截面 2 的深度:"编辑栏,在其中输入

50,并按确定按钮✔,系统接着在状态区弹出"输入截面 3 的深度:"编辑栏,在其中输入 50,并按确定按钮✔。系统返回【伸出项:混合、平行、规则截面】对话框,按下"确定"按钮,便可完成混合特征创建。

【趣味建模 1】——五角星的三维数字化建模

试建立图 4-89 所示五角星的三维数字化模型。

图 4-89　五角星模型

表 4-15　五角星的三维数字化建模过程

关键步骤	1. 草绘截面 1	2. 草绘截面 2	3. 造型结果
图示	 100.00	× 注:截面 2 浓缩为 1 草绘点。	

【趣味建模 2】——茶壶的三维数字化建模

试建立图 4-90 所示茶壶的三维数字化模型。

图 4-90　茶壶模型

表 4-16　茶壶的三维数字化建模过程

关键步骤	1. 旋转创建壶体	2. 混合创建壶嘴	3.抽壳(壁厚为5,去除上表面)	4.扫描创建壶柄
图示	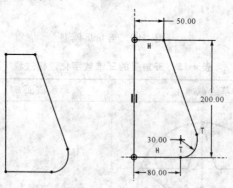			

关键步骤讲解:

步骤1　旋转创建壶体

旋转截面及尺寸如图 4-91 所示。

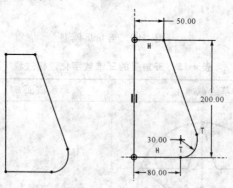

图 4-91　旋转截面及尺寸

步骤2　混合创建壶嘴

　　草绘平面位于旋转体的上表面,草绘截面 1 如图 4-92 所示,注意将圆按图示方向分成四段。方法是先绘制一个圆,然后切换剖面绘制截面 2,截面 2 如图 4-93 所示,再切换剖面对第一个截面圆进行分段处理。截面间的距离为 40。

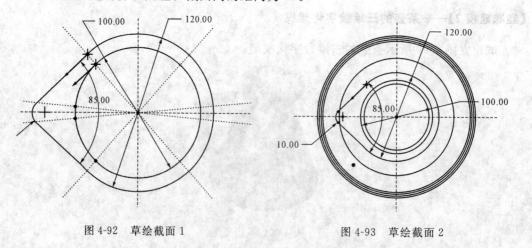

图 4-92　草绘截面 1　　　　　　　　　图 4-93　草绘截面 2

步骤4　扫描创建壶柄

扫描轨迹如图 4-94 所示,扫描截面如图 4-95 所示。【属性】对话框中选"合并终点"选项。

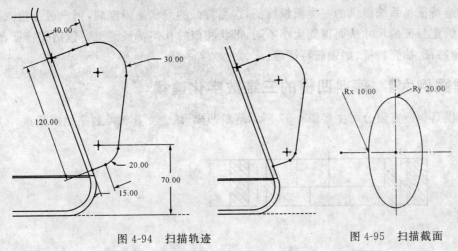

图 4-94　扫描轨迹　　　　　　　　　　　图 4-95　扫描截面

【小结】

混合特征创建失败的原因及处理方法:

(1)各截面的图元数不相等。构造混合特征要求各截面的图元数要相等。

(2)截面不完整。

【工程案例练习】

创建图 4-96 所示容器的三维数字化模型。

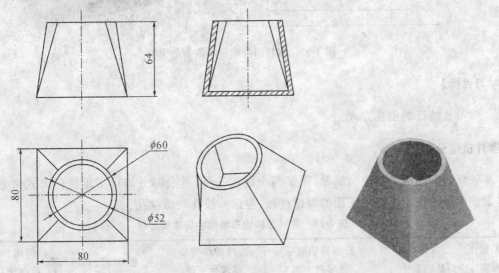

图 4-96　容器的三维数字化模型

场景5　构造特征在数字化建模中的综合应用

构造特征是系统提供的一类模板特征,这类特征的形状是固定的,用户通过输入不同的参数来确定特征的尺寸从而得到大小不同、形状相似的几何特征。主要包括孔特征、倒角特征、圆角特征、抽壳特征、加强筋特征等。

【工程案例六】　落料凹模的三维数字化建模

某模具制造有限公司生产图 4-97 所示落料凹模,试建立其三维数字化模型。

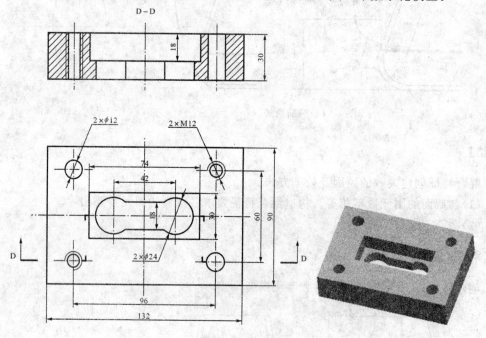

图 4-97　落料凹模的三维数字化模型

【学习目标】

学习孔特征的创建方式。

【零件造型分析】

该落料凹模的造型较为简单,除了两个螺纹孔外,其余部分均可采用拉伸方式来创建。本案例的目的在于训练特征孔的创建过程,包括一般孔与螺纹孔。

表 4-17　落料凹模的三维数字化建模过程

关键步骤	1. 拉伸创建基础零件	2. 拉伸切割基础零件上部	3. 拉伸切割基础零件下部	4. 创建 φ12 的孔	5. 创建 M12 的螺纹孔
图示					

【相关知识点】

在建模过程中,经常要用到孔的形状,此时就要创建孔特征。

1.孔特征的操作面板

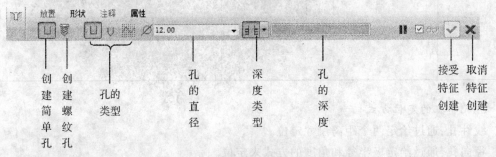

（a）基础操作面板

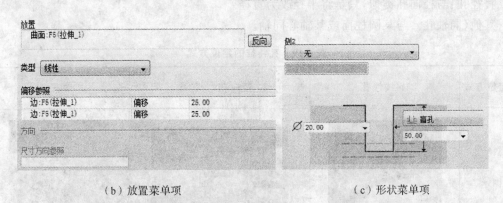

（b）放置菜单项　　　　　　　　　　（c）形状菜单项

图 4-98　孔特征操作面板

2.孔特征的类型

简单孔:创建一般的直孔。

标准孔:创建具有基本形状的螺纹孔。它是基于相关的工业标准的,可带有不同的末端形状、标准沉孔和埋头孔等。

草绘孔:由草绘截面定义的旋转特征,可用旋转去除材料来代替。

表 4-18　孔特征的主要类型

孔的类型	1. 简单孔	2. 一般螺纹标准孔形状
图示	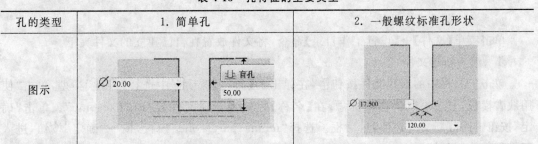	

孔的类型	3. 埋头孔形状	4. 沉头孔形状
图示	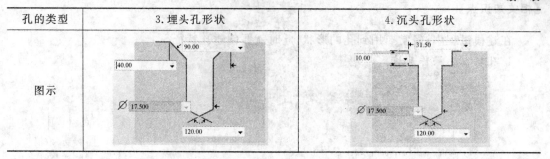	

3. 孔特征的定位方式

线性孔：通过给定两个距离尺寸定位。

径向孔：通过给定极半径和角度的方式来定位。

直径孔：与径向孔类似，只是将半径改为直径。

其他（同轴孔）：与某圆柱面或某轴心同轴。

表 4-19　孔特征的定位方式

孔定位方式	1. 线性孔	2. 径向孔（直径孔）	3. 同轴孔
图示			
定位说明	主参照为一平面，次参照为两条边或两个面	主参照为一平面，次参照为一轴心和一平面	主参照为一平面和一轴心（同时选中用 Ctrl 键）

【操作步骤】

步骤 1　设置工作目录

单击菜单【文件】→【设置工作目录】命令，将文件放置在自己建立的文件夹下。

步骤 2　新建文件

单击工具栏中的新建文件按钮，在弹出的【新建】对话框中选择"零件"类型，单击"使用缺省模板"复选框取消选中标志，在【名称】栏输入新建文件名"Luoliaoaomu"。单击"确定"按钮，打开【新文件选项】对话框。选择"mmns_part_solid"模板，按下"确定"按钮，进入三维零件绘制环境。

步骤 3　拉伸创建基础零件

① 单击按钮，打开拉伸特征操控板。

② 单击【放置】面板中的【定义】按钮,打开【草绘】对话框。

③ 选择 TOP 基准面为草绘平面,参照面按缺省值设置。

④ 单击"草绘"按钮,系统进入草绘工作环境。

⑤ 绘制如图 4-99 所示二维截面。单击草绘完成按钮 ✔,返回拉伸特征操控板。

⑥ 在拉伸高度数值输入框中输入 30,单击按钮 ✔,完成拉伸特征的创建,结果如图 4-100所示。

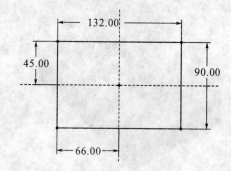

图 4-99 草绘二维截面

图 4-100 截面拉伸结果

步骤 4 拉伸切割基础零件上部

① 单击按钮 ⬦,打开拉伸特征操控板。

② 单击拉伸操作面板上的"去除材料"按钮 ⬦。

③ 单击【放置】面板中的【定义】按钮,打开【草绘】对话框。

④ 选择零件上表面为草绘平面,参照面按缺省值设置。

⑤ 单击"草绘"按钮,系统进入草绘工作环境。

⑥ 绘制如图 4-101 所示二维截面。单击草绘完成按钮 ✔,返回拉伸特征操控板。

⑦ 在拉伸高度数值输入框中输入 18,单击按钮 ✔,完成拉伸特征的创建,结果如图 4-102所示。

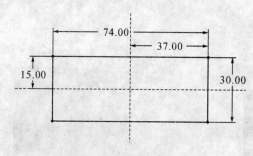

图 4-101 草绘二维截面

图 4-102 拉伸切割结果

步骤 5 拉伸切割基础零件下部

① 单击 ⬦ 按钮,打开拉伸特征操控板。

② 单击拉伸操作面板上的"去除材料"按钮 ⬦。

③ 单击【放置】面板中的【定义】按钮,打开【草绘】对话框。

④ 选择凹槽下表面为草绘平面,参照面按缺省值设置。

⑤ 单击"草绘"按钮,系统进入草绘工作环境。

⑥ 绘制如图 4-103 所示二维截面。单击草绘完成按钮 📄,返回拉伸特征操控板。

⑦ 在拉伸高度数值输入框中输入 18,单击按钮 ✔,完成拉伸特征的创建,结果如图 4-104 所示。

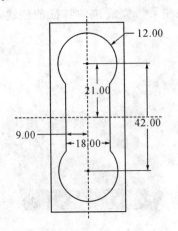

图 4-103 草绘二维截面

图 4-104 拉伸切割结果

步骤 6 φ12 孔的创建

① 单击按钮 🔧,打开孔特征操作面板。

② 在直径输入框中输入直径 12,选择"穿透"选项 ≣ 作为孔深度。

③ 单击零件上表面,作为孔的主参照面(创建的孔与主参照面垂直),出现孔的预览示例,如图 4-105 所示。此时孔的定位方式默认为"线性"定位方式,即采用两条边或两个平面作为定位参照。

④ 将两个定位拖动点拖动到相应的定位面上,并双击改变偏移数值,如图 4-106 所示。单击完成按钮 ✔,完成 φ12 直孔的创建,如图 4-107 所示。

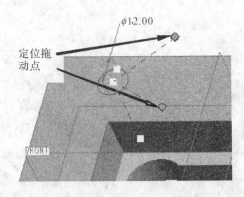

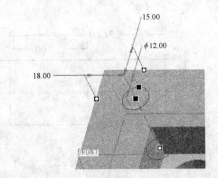

图 4-105 孔预览示例

图 4-106 孔定位方式与尺寸

⑤ 以同样的方式创建另一 φ12 的直孔,如图 4-107 所示。

步骤 7 M12 螺纹孔的创建

① 单击 🔧 按钮,打开孔特征操作面板。

② 单击操作面板上的创建螺纹孔按钮 📐,此时操作面板改变如图 4-108 所示。螺纹尺

图 4-107　φ12 孔创建结果

寸设置为 M12×1,即螺纹大径为 12,小径为 11,螺距为 1。

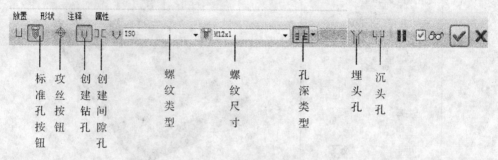

标准孔按钮　攻丝按钮　创建钻孔　创建间隙孔　螺纹类型　螺纹尺寸　孔深类型　埋头孔　沉头孔

图 4-108　螺纹孔创建操作面板

③ 单击零件上表面,作为孔的主参照面,出现螺纹孔的预览示例,如图 4-109 所示。

④ 将两个定位拖动点拖动到相应的定位面上,并双击默认数字改变偏移数值,如图 4-109 所示。单击完成按钮 ✔,完成 M12 螺纹孔的创建。以同样的方式创建另一螺纹孔,结果如图 4-110 所示。

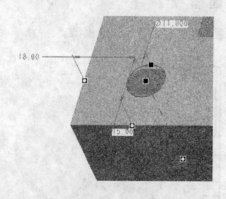

图 4-109　螺纹孔预览示例　　　图 4-110　螺纹孔创建结果

步骤 8　螺纹孔注释的删除

单击菜单【视图】→【显示设置】→【基准显示】命令,弹出基准显示对话框(图 4-111)。将"3D 注释"前的复选框中的勾去除掉即可,结果如图 4-112 所示。

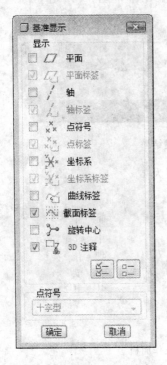

图 4-111 基准显示对话框   图 4-112 去除注释后的零件

步骤 9 文件保存

单击菜单【文件】→【保存】命令，保存当前模型文件。

【工程案例七】 端盖的三维数字化建模

某机械制造有限公司生产图 4-113 所示端盖零件，试建立其三维模型。

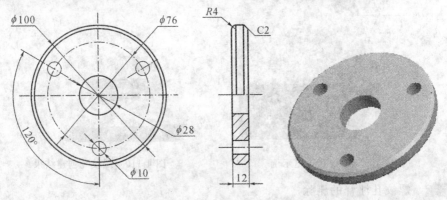

图 4-113 端盖三维模型

【学习目标】

1. 学习特征阵列（轴阵列）的创建方式。

2. 学习圆角、倒角特征的创建方式。

【零件造型分析】

端盖零件的结构较为简单,主体部分可以通过拉伸或旋转的方式来创建,三个孔可以通过创建一个孔特征,然后使用特征阵列的方式来创建,当然也可以通过拉伸去除材料的方式来创建。此外该零件还具有圆角和倒角特征,这些可分别通过创建圆角和倒角特征来实现。建模主要步骤如表 4-20 所示。

表 4-20 端盖的三维数字化建模主要步骤

关键步骤	1.拉伸创建基础零件	2.创建孔特征	3.孔特征阵列	4.创建圆角	5 创建倒角
图示					

【相关知识点】

1.特征阵列

阵列是指在一次特征操作中生成多个按规律排列的副本,相当于一次产生多个复制特征,设计效率非常高。而且在特征阵列中修改原始模型,阵列特征都随之自动更新。特征阵列有多种类型,最常用的有尺寸阵列(相当于矩形阵列)、轴阵列(相当于环形阵列)、填充阵列等。

表 4-21 特征阵列的类型

特征阵列类型	1. 尺寸阵列	2. 轴阵列	3. 填充阵列
图示			
说明	使用驱动尺寸来确定阵列增量的变化,从而控制阵列	通过围绕一选定轴旋转特征,使用轴阵列来创建阵列	用栅格定位的特征来填充某个区域

2.圆角特征

在零件设计过程中,倒圆角有着极其重要的作用,它不仅可以增加造型变化与美化外形,也可以优化产品的性能。倒圆角是一种边处理特征,通过向一条或多条边、边链或在曲面之间添加半径形成。

3.倒角特征

倒角是处理模型周围棱角的方式之一,与倒圆角功能类似。

【操作步骤】

步骤 1 设置工作目录

单击菜单【文件】→【设置工作目录】命令,将文件放置在自己建立的文件夹下。

步骤 2 新建文件

单击工具栏中的新建文件按钮，在弹出的【新建】对话框中选择"零件"类型,单击"使用缺省模板"复选框取消选中标志,在【名称】栏输入新建文件名"Duangai"。单击"确定"按钮,打开【新文件选项】对话框。选择"mmns_part_solid"模板,按下"确定"按钮,进入三维零件绘制环境。

步骤 3 拉伸创建基础零件

① 单击按钮，打开拉伸特征操控板。

② 单击【放置】面板中的【定义】按钮,打开【草绘】对话框。

③ 选择 TOP 基准面为草绘平面,参照面按缺省值设置。

④ 单击"草绘"按钮,系统进入草绘工作环境。

⑤ 绘制如图 4-114 所示二维截面。单击草绘完成按钮 ✓ ,返回拉伸特征操控板。

⑥ 在拉伸高度数值输入框中输入 12,单击按钮 ✓ ,完成拉伸特征的创建,结果如图 4-115所示。

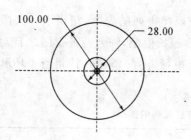

图 4-114　草绘二维截面　　　　图 4-115　截面拉伸结果

步骤 4 创建孔特征

① 单击按钮，打开孔特征操作面板。

② 在直径输入框中输入直径 10,选择"穿透"选项 作为孔深度。

③ 单击零件上表面,作为孔的主参照面(创建的孔与主参照面垂直),出现孔的预览示例。

④ 单击孔特征操作面板上的【放置】菜单,弹出【放置】对话框(图 4-116)。将放置类型从"线性"改为"径向"。点击【偏移参照】中的"单击此处添加项目",按住 Ctrl 键,选择拉伸特征的轴心和 RIGHT 基准平面,孔的预览示例改变如图 4-117 所示,双击角度值将其改为30°,双击半径值将其改为 38。单击完成按钮 ✓ ,完成 φ10 直孔的创建,如图 4-118 所示。

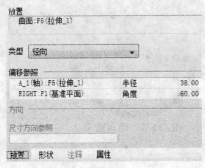

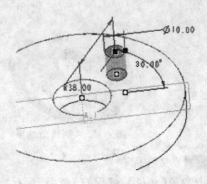

图 4-116　放置对话框　　　　　图 4-117　孔径向定位预览

图 4-118　孔创建结果

步骤 5　孔特征阵列

① 点选上步创建的孔特征,单击特征阵列按钮▦,弹出特征阵列操作面板(图 4-119)。

图 4-119　特征阵列操作面板

② 将阵列类型改为"轴",选择拉伸特征的轴心为旋转轴。在输入第一方向的阵列成员数框中输入 3,角度值输入框中输入 120°,其他框中数值缺省。单击完成按钮✔,完成孔特征的阵列,结果如图 4-120 所示。

步骤 6　创建圆角特征

① 单击圆角特征创建按钮◣,打开圆角特征操作面板(图 4-121)。

② 点选要倒圆角的边,并在圆角半径输入框中输入 4,单击"确定"按钮✔,完成圆角特征的创建。结果如图 4-122 所示。

步骤 7　创建倒角特征

① 单击圆角特征创建按钮,打开倒角特征操作面板。

② 点选要倒角的边,并在倒角边长值输入框中输入 2,单击"确

图 4-120　孔创建结果

图 4-121　圆角特征操作面板

定"按钮✔,完成倒角特征的创建。结果如图 4-123 所示。

图 4-122　倒圆角结果　　　　图 4-123　倒角结果

步骤 8 文件保存

单击菜单【文件】→【保存】命令，保存当前模型文件。

【举一反三】

某机械制造厂生产如图 4-124 所示法兰盘，试建立其三维数字化模型。

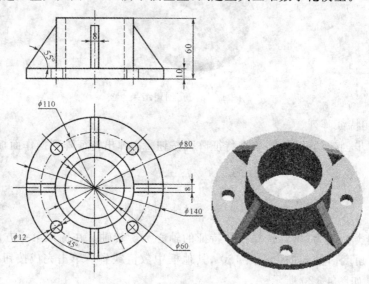

图 4-124　法兰盘的三维数字化模型

表 4-22　法兰盘的三维数字化建模关键步骤

关键步骤	1.创建旋转特征		2.创建孔特征
图示	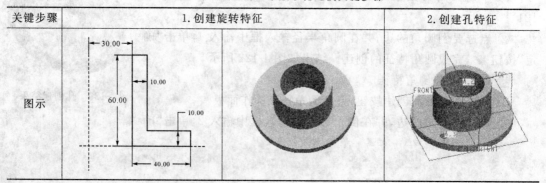		

关键步骤	3.孔特征阵列	4.创建加强筋	5.加强筋阵列
图示			

【工程案例八】　支座的三维数字化建模

某机械厂生产如图 4-125 所示支座零件,试建立其三维数字化模型。

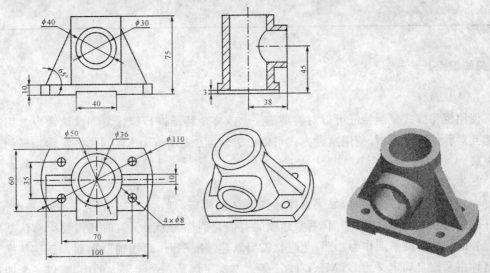

图 4-125　支座零件的三维数字化模型

【学习目标】

1.学习特征尺寸阵列的操作方式。

2.学习特征镜像的操作方式。

3.学习基准平面、基准轴的创建方法。

【支座模型造型分析】

整个支座零件由底板、立柱、前凸、筋板四部分组成。底板有个槽,可以通过拉伸去除材料的方式来创建。底板上的孔可以通过拉伸方式来创建,也可以通过打孔方式来创建。

表 4-23　支座的三维数字化建模过程

关键步骤	1.拉伸创建底板	2.拉伸切割底板	3.创建底板孔特征	4.底板孔特征阵列	5.创建立柱
图示					
关键步骤	6.立柱打孔	7.创建加强筋	8.加强筋镜像	9.创建前凸	10.前凸打孔
图示					

【相关知识点】

1.特征镜像

使用镜像方式复制特征可以对模型的一个或多个特征进行镜像复制。该命令常用来建立相互对称的特征模型,使用这种方式可以很方便地创建特征,并且创建的对称特征约束关系准确。

2.基准平面

在新建一个零件文件时,如果选择系统默认的模板,则出现三个相互正交的基准平面,即 TOP、RIGHT、FRONT 平面,通常建模时要以它们作为参照。有时还需要除默认基准平面以外的其他基准平面作为参照,此时就需要新建基准平面,即作辅助平面。新建基准平面的名称由系统自动定义为 DTM1、DTM2 等。基准平面是一个无限大的面,它以一个四边形的形式显示在画面上,用户可以调整基准平面的显示轮廓的高度和宽度。基准平面有正向和反向之分,通过两侧不同的颜色来区分,正向侧的颜色为褐色,反向侧的颜色为灰色。基准平面有多种作用,可以作为草绘平面进行草绘,可以作为放置特征的平面,可以作为尺寸标注的参照,可以作为视角方向的参考等。基准平面的创建类型如表 4-24 所示。

表 4-24　基准平面的创建类型

基准平面类型	1.某平面偏移	2.某平面绕轴旋转	3.通过两条直线	4.通过三点
图示	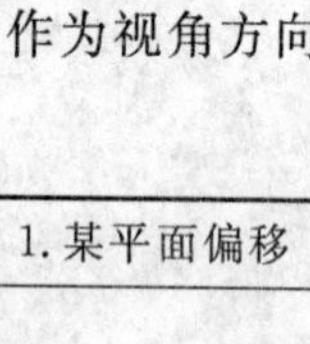	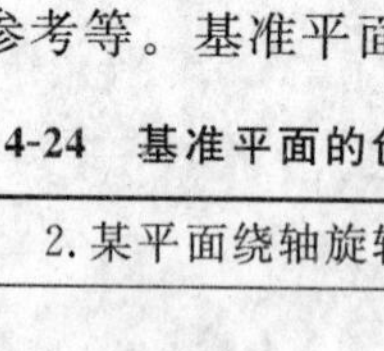	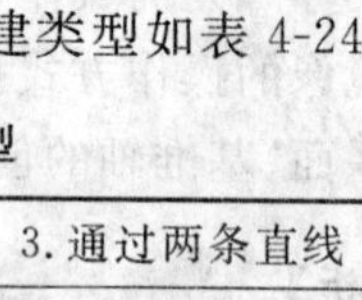	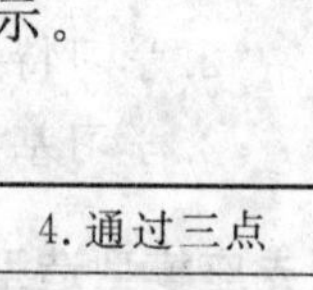
说明	与某平面平行,并偏移一定距离	按住 Ctrl 键选择一平面和一轴,并输入角度值	按住 Ctrl 键选择两条直线	按住 Ctrl 键选择三点

3.基准轴

基准轴常用作尺寸标注的参照、基准平面的穿过参照、孔特征的中心参照、同轴特征的参照,特征阵列的参照等。基准轴是一个无限长的直线,它以一段虚线的形式显示在画面上,基准轴以棕色中心线标识,由系统自动给出轴的名称,如 A_1、A_2 等。在生成由拉伸产生圆柱特征、旋转特征和孔特征时,系统会自动产生基准轴。基准轴的创建类型如表 4-25 所示。

表 4-25　基准轴的创建类型

基准轴类型	1.通过两点	2.通过某条直线	3.圆柱面的轴心	4.两平面相交
图示				
说明	按住 Ctrl 键选择两点	选择某条边	选择某个圆柱面或弧面	按住 Ctrl 键选择两个平面

【操作步骤】

步骤1　设置工作目录

单击菜单【文件】→【设置工作目录】命令,将文件放置在自己建立的文件夹下。

步骤2　新建文件

单击工具栏中的新建文件按钮□,在弹出的【新建】对话框中选择"零件"类型,单击"使用缺省模板"复选框取消选中标志,在【名称】栏输入新建文件名"zhizuo"。单击"确定"按钮,打开【新文件选项】对话框。选择"mmns_part_solid"模板,按下"确定"按钮,进入三维零件绘制环境。

步骤3　拉伸创建底板

① 单击按钮□,打开拉伸特征操控板。

② 单击【放置】面板中的【定义】按钮,打开【草绘】对话框。

③ 选择 TOP 基准面为草绘平面,参照面按缺省值设置。单击"草绘"按钮,系统进入草绘工作环境。

④ 绘制如图 4-126 所示二维截面。单击草绘完成按钮✔,返回拉伸特征操控板。

⑤ 在拉伸深度数值输入框中输入 10,单击按钮✔,完成拉伸特征的创建,结果如图 4-127所示。

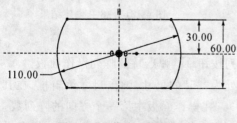

图 4-126　草绘二维截面

图 4-127　截面拉伸结果

步骤4 拉伸切割底板

① 单击按钮，打开拉伸特征操控板。

② 单击拉伸操作面板上的"去除材料"按钮。

③ 单击【放置】面板中的【定义】按钮，打开【草绘】对话框。

④ 选择零件前表面为草绘平面，参照面按缺省值设置。单击"草绘"按钮，系统进入草绘工作环境。

⑤ 绘制如图 4-128 所示二维截面。单击草绘完成按钮，返回拉伸特征操控板。

⑥ 在拉伸深度数值输入框中输入 60，单击按钮，完成拉伸特征的创建，结果如图 4-129 所示。

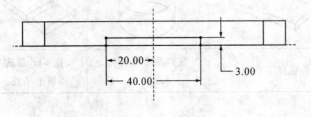

图 4-128 草绘二维截面

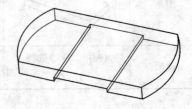

图 4-129 拉伸切割结果

步骤5 创建底板孔特征

① 单击按钮，打开孔特征操作面板。

② 在直径输入框中输入直径 8，选择"穿透"选项作为孔深度。

③ 单击零件上表面，作为孔的主参照面（创建的孔与主参照面垂直），出现孔的预览示例。此时孔的定位方式默认为"线性"定位方式，即采用两条边或两个平面作为定位参照。

④ 将两个定位拖动点拖动到相应的定位面上（分别为 FRONT 基准面和 RIGHT 基准面），并双击改变偏移数值，如图 4-130 所示。单击完成按钮，完成 φ8 直孔的创建，如图 4-131 所示。

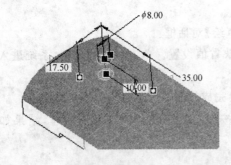

图 4-130 孔预览示例

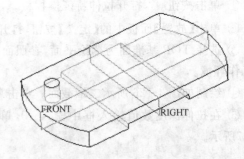

图 4-131 φ8 孔创建结果

步骤6 底板孔特征阵列

① 点选上步创建的孔特征，单击特征阵列按钮，弹出特征阵列操作面板。

② 选取要在第一方向上改变的尺寸，此处为"35"的尺寸，弹出尺寸编辑框，在其中输入数值"-70"（注意：数值的负号表示阵列方向）。在操作面板中第一个方向的阵列数中输入 2（此处为默认值）。选取要在第二方向上改变的尺寸，此处为"17.5"的尺寸，弹出尺寸编辑

框,在其中输入数值"-35"。在操作面板中第二个方向的阵列数中输入 2(此处也为默认值)。单击完成按钮 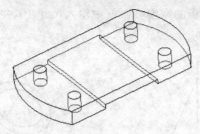,完成孔特征的阵列,结果如图 4-132 所示。

图 4-132　φ8 孔特征阵列结果

步骤7　拉伸创建立柱

① 单击 按钮,打开拉伸特征操控板。

② 单击【放置】面板中的【定义】按钮,打开【草绘】对话框。

③ 选择底板上表面为草绘平面,参照面按缺省值设置。单击"草绘"按钮,系统进入草绘工作环境。

④ 绘制如图 4-133 所示二维截面。单击草绘完成按钮 ,返回拉伸特征操控板。

⑤ 在拉伸深度数值输入框中输入 65,单击按钮 ,完成拉伸特征的创建,结果如图 4-134所示。

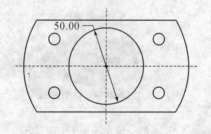

图 4-133　草绘二维截面

图 4-134　截面拉伸结果

步骤8　立柱打孔

① 单击 按钮,打开孔特征操作面板。

② 在直径输入框中输入直径 36,选择"穿透"选项 作为孔深度。

③ 单击圆柱上表面,作为孔的主参照面(创建的孔与主参照面垂直),出现孔的预览示例。按住 Ctrl 键点选圆柱的轴心 A_5。此时孔的定位方式为"同轴"定位方式。单击操作面板上的"确定"按钮 ,完成孔特征的创建,如图 4-135 所示。

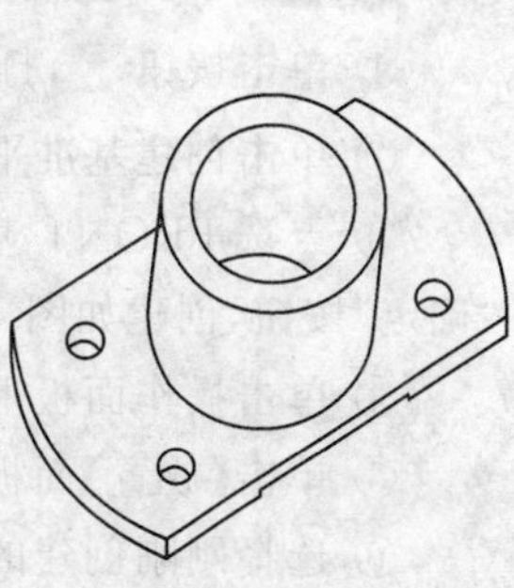

图 4-135　直孔创建结果

步骤9　创建加强筋

① 单击 按钮,打开加强筋特征操作面板。

② 单击【参照】面板中的【定义】按钮,打开【草绘】对话框。

③ 选择 FRONT 基准面为草绘平面,参照面按缺省值设置。单击草绘按钮,系统进入草绘工作环境。

④ 绘制如图 4-136 所示二维开放截面(注意添加对齐约束使两条直线的端点分别附着在对应的端面上)。单击草绘完成按钮 ✔,返回加强筋特征操控板。

⑤ 在加强筋特征操作面板的宽度输入框中输入尺寸 10,并按下完成按钮 ✔,结束加强筋的创建,结果如图 4-137 所示。

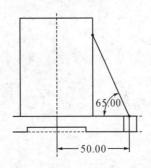

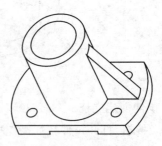

图 4-136　加强筋草绘截面　　　　　图 4-137　加强筋创建结果

步骤 10　加强筋镜像

① 点击刚刚创建的加强筋,然后单击工具栏上的镜像按钮 ,再选择 RIGHT 基准平面为镜像平面,并按下完成按钮 ✔,加强筋镜像结果如图 4-138 所示。

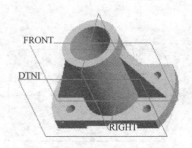

图 4-138　加强筋镜像结果图　　　　图 4-139　辅助平面 DTM1 创建

步骤 11　创建前凸

① 单击按钮 ,打开拉伸特征操控板。

② 单击创建基准平面按钮 ,弹出【基准平面】对话框。

③ 点选 FRONT 基准平面作为参照。输入偏移距离 38。点击【基准平面】对话框中的"确定"按钮,创建如图 4-139 所示基准平面 DTM1。

④ 单击操作面板上的"退出暂停模式"按钮 ▶,恢复到特征拉伸状态。

⑤ 单击【放置】面板中的【定义】按钮,打开【草绘】对话框。

⑥ 选择刚刚创建的 DTM1 辅助平面为草绘平面,参照面按缺省值设置。单击"草绘"按钮,系统进入草绘工作环境。

⑦ 绘制如图 4-140 所示二维截面。单击草绘完成按钮 ✔,返回拉伸特征操控板。

⑧ 将拉伸方式改为拉伸至下一曲面 ,单击完成按钮 ✔,结果如图 4-141 所示。

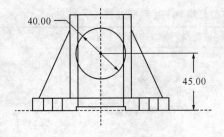

图 4-140　草绘截面

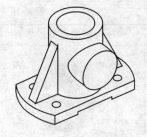

图 4-141　截面拉伸结果

步骤 12　前凸打孔

① 单击 按钮,打开孔特征操作面板。

② 在直径输入框中输入直径 30,选择拉伸至下一曲面 作为孔的深度。

③ 单击前凸圆柱的前表面,作为孔的主参照面,出现孔的预览示例。按住 Ctrl 键点选前凸圆柱的轴心 A_7。此时孔的定位方式为"同轴"定位方式。单击操作面板上的"确定"按钮 ,完成孔特征的创建,如图 4-142 所示。

步骤 13　文件保存

单击菜单【文件】→【保存】命令,保存当前模型文件。

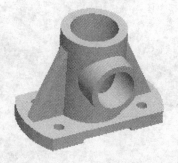

图 4-142　孔创建结果

【举一反三】

某机械制造有限公司生产如图 4-143 所示壳体,试建立其三维数字化模型。

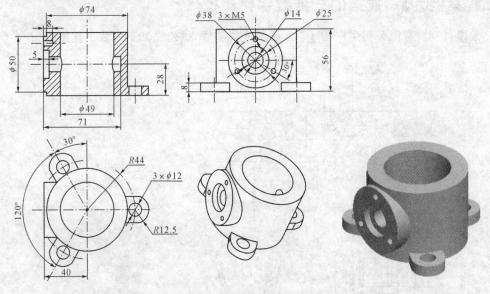

图 4-143　壳体的三维数字化模型

表 4-26　壳体的三维数字化建模过程

关键步骤	1.拉伸创建基础零件	2.拉伸创建固定支架	3.阵列
图示			
关键步骤	4.创建基准平面	5.拉伸创建侧圆柱	6.侧圆柱钻 φ25 孔
图示			
关键步骤	7.侧圆柱钻 φ14 的孔	8.侧圆柱钻 φ5 的孔	9.φ5 的孔阵列
图示			

【工程案例九】　戒指的三维数字化建模

　　某模具制造有限公司生产图 4-144 所示戒指零件,试建立其三维数字化模型。

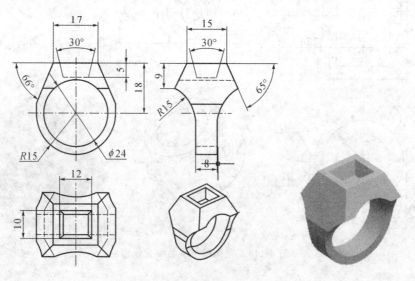

图 4-144　戒指的三维数字化模型

【学习目标】

　　1.学习拔模特征的创建方法。
　　2.学习戒指的造型方法。

【戒指造型分析】

　　戒指零件的造型难点在于其多个表面都是倾斜的,尽管可以通过拉伸去除材料的方式来创建倾斜表面,但这种方法较为繁琐,需要多次用到拉伸命令。最好的方式是创建拔模曲面来实现倾斜表面的创建,其建模思路图表 4-27 所示。

表 4-27　戒指的三维数字化建模思路

关键步骤	1.拉伸创建基础零件	2.拔模	3.拉伸去除材料
图示			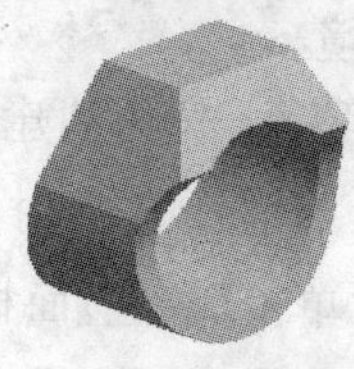
关键步骤	4.特征镜像	5.拉伸去除材料	6.拔模
图示	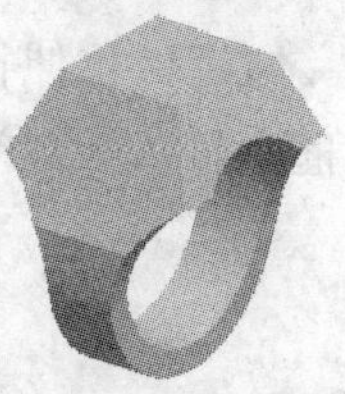		

【相关知识点】

　　拔模特征

　　注塑件和铸件往往需要一个拔模斜面,才能从模具型腔中顺利取出,因此在设计零件时需要在零件侧面上添加一定角度的脱模斜度,而这可以用拔模特征来实现造型。

　　在 Pro/Engineer 软件中建立拔模特征需要确定拔模曲面、拔模枢轴、拔模方向、拔模角度等几个参数。其中拔模曲面是要生成拔模斜度的曲面;拔模枢轴即中间部分尺寸不变的平面或曲线;拔模方向确定拔模曲面的收缩方向;拔模角度用于指定拔模面的斜度值,范围为 $-30°\sim30°$。

　　拔模特征的操作面板如图 4-145 所示。

【操作步骤】

　　步骤1　设置工作目录
　　单击菜单【文件】→【设置工作目录】命令,将文件放置在自己建立的文件夹下。
　　步骤2　新建文件
　　单击工具栏中的新建文件按钮，在弹出的【新建】对话框中选择"零件"类型,单击"使

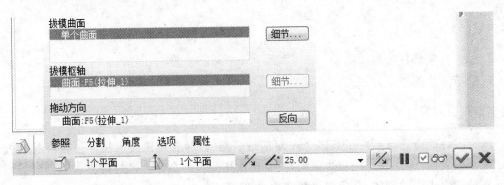

图 4-145　拔模特征的操作面板

用缺省模板"复选框取消选中标志,在【名称】栏输入新建文件名"Jiezhi"。单击"确定"按钮,打开【新文件选项】对话框。选择"mmns_part_solid"模板,按下"确定"按钮,进入三维零件绘制环境。

步骤 3　拉伸创建基础零件

① 单击 按钮,打开拉伸特征操控板。

② 单击【放置】面板中的【定义】按钮,打开【草绘】对话框。

③ 选择 FRONT 基准面为草绘平面,参照面按缺省值设置。

④ 单击"草绘"按钮,系统进入草绘工作环境。

⑤ 绘制如图 4-146 所示二维截面。单击草绘完成按钮 ✔,返回拉伸特征操控板。

⑥ 将拉伸类型改为对称拉伸 ,在拉伸高度数值输入框中输入 15,单击按钮 ✔,完成拉伸特征的创建,结果如图 4-147 所示。

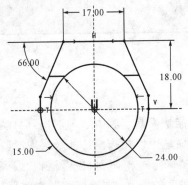

图 4-146　草绘二维截面

图 4-147　截面拉伸结果

步骤 4　拔模

① 单击 按钮,打开拔模特征操控板。

② 选取欲拔模的面,按住 Ctrl 键可选择多个面。此处为拉伸特征的前后两个面。

③ 单击操控板上的选择"拔模枢轴"图标 ,选取拉伸特征的上表面为拔模枢轴。

④ 在拔模角度输入框中输入 25。如果拔模方向不对,可点击角度后面的箭头按钮 改变拔模方向。单击按钮 ✔,完成拔模特征的创建,结果如图 4-148 所示。

图 4-148　拔模结果

步骤5　拉伸切割零件

① 单击 按钮,打开拉伸特征操控板。按下去除材料按钮。

② 单击【放置】面板中的【定义】按钮,打开【草绘】对话框。

③ 选择 RIGHT 基准面为草绘平面,参照面选择拉伸特征的上表面,方向设置为"顶"。

④ 单击"草绘"按钮,系统进入草绘工作环境。

⑤ 绘制如图 4-149 所示二维截面。单击草绘完成按钮 ,返回拉伸特征操控板。

⑥ 将拉伸类型改为对称拉伸,在拉伸高度数值输入框中输入 30,单击按钮 ,完成拉伸特征的创建,结果如图 4-150 所示。

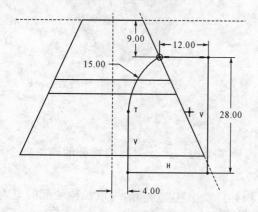

图 4-149　草绘二维截面

图 4-150　截面拉伸结果

步骤6　拉伸切割特征镜像

① 在特征模型树中点击刚创建的特征,然后点击特征镜像按钮,弹出特征镜像操作面板。

② 单击"镜像平面"图标 镜像平面 ·选取 1 个项目 中的"选取 1 个项目",选取 FORNT 基准面为对称面。单击按钮 ,完成特征镜像的操作,结果如图 4-151 所示。

步骤7　拉伸切割零件

① 单击按钮,打开拉伸特征操控板。按下去除材料按钮。

② 单击【放置】面板中的【定义】按钮,打开【草绘】对话框。

③ 选择模型上表面为草绘平面,参照面和方向按缺省设置。

④ 单击"草绘"按钮,系统进入草绘工作环境。

⑤ 绘制如图 4-152 所示二维截面。单击草绘完成按钮 ,返回拉伸特征操控板。

图 4-151　镜像结果

⑥在拉伸高度数值输入框中输入 5，单击按钮 ✔，完成拉伸特征的创建，结果如图4-153所示。

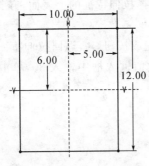

图 4-152　草绘二维截面

图 4-153　截面拉伸结果

步骤8　拔模

① 单击 🔲 按钮，打开拔模特征操控板。

② 选取欲拔模的面，按住 Ctrl 键可选择多个面。此处为凹槽特征的四周四个面，如图 4-154 所示。

③ 单击操控板上的选择"拔模枢轴"图标 🔲 •单击此处添加项目，选取拉伸特征的上表面为拔模枢轴。

④ 在拔模角度输入框中输入 15。如果拔模方向不对，可点击角度后面的箭头按钮改变拔模方向。单击按钮 ✔，完成拔模特征的创建，结果如图 4-155 所示。

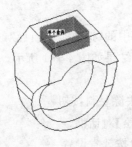

图 4-154　拔模曲面选择

图 4-155　拔模结果

步骤9　文件保存

单击菜单【文件】→【保存】命令，保存当前模型文件。

场景 6 基准特征在数字化建模中的综合应用

【基准特征创建基础示例】

试建立图 4-156 所示(a)、(b)两个零件的三维数字化模型。

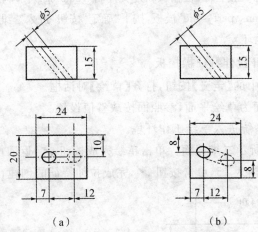

图 4-156 具有斜孔的零件模型

【学习目标】

1. 学习基准点的创建方法。
2. 学习斜孔的创建方法。

【造型分析】

该零件的主要造型难点在于两个斜孔的创建。孔创建步骤中一般要先选择一个与孔垂直的平面,而这里创建的是斜孔,现有长方体中没有哪个面与斜孔垂直,因此需要创建一个与孔垂直的辅助平面。创建此辅助平面的思路是先创建基准点,然后创建基准轴,最后创建与基准轴垂直的基准平面。

【相关知识点】

基准点:基准点的用途非常广泛,即可用于辅助建立其他基准特征,如基准轴等,也可辅助定义特征的位置,用作模型计算和分析的参考点。Pro/Engineer Wildfire 提供了四种类型的基准点,如图 4-157 所示。

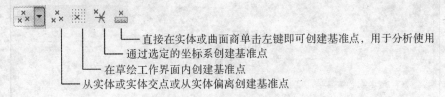

图 4-157 基准点的四种创建方法

【操作步骤】

步骤1 新建文件

单击工具栏中的新建文件按钮□,在弹出的【新建】对话框中选择"零件"类型,单击"使用缺省模板"复选框取消选中标志,在【名称】栏输入新建文件名"Xiekong1"。单击"确定"按钮,打开【新文件选项】对话框。选择"mmns_part_solid"模板,按下"确定"按钮,进入三维零件绘制环境。

步骤2 拉伸添加毛坯

① 单击□按钮,打开拉伸特征操控板。

② 单击【放置】面板中的【定义】按钮,打开【草绘】对话框。

③ 选择 TOP 基准面为草绘平面,参照面按缺省值设置。

④ 单击草绘按钮,系统进入草绘工作环境。

⑤ 绘制如图 4-158 所示二维截面。单击草绘完成按钮✔,返回拉伸特征操控板。

⑥ 在数值编辑框中输入 15,单击按钮✔,完成拉伸特征的创建,结果如图 4-159 所示。

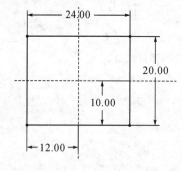

图 4-158　草绘二维截面

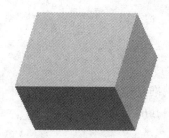

图 4-159　截面拉伸结果

步骤3 创建 $\phi5$ 的孔

(1)分别在零件上下两个表面创建两个基准点

① 单击基准工具栏中的基准点创建按钮✕✕,弹出【基准点】对话框(图 4-160)。

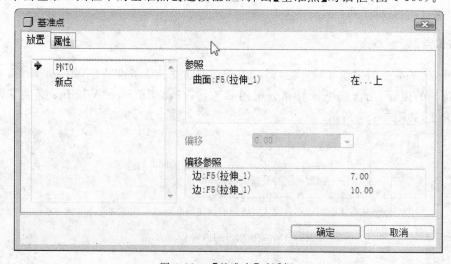

图 4-160　【基准点】对话框

② 点击零件上表面,出现基准点创建预览示图,将两个定位点分别拖动到相应的参照面,此处为左、后两个平面,双击尺寸数值,修改为 7 和 10,如图 4-161 所示。

③ 单击【基准点】对话框中的"确定"按钮,创建的基准点 PNT0,如图 4-162 所示。

④ 采用同样的方法在底面上创建另一点 PNT1,如图 4-163 所示。

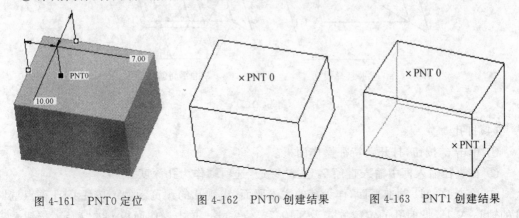

图 4-161　PNT0 定位　　　　图 4-162　PNT0 创建结果　　　　图 4-163　PNT1 创建结果

（2）通过两点创建基准轴

① 单击基准工具栏中的基准点创建按钮 ,弹出【基准轴】对话框。

② 按住 Ctrl 键选择两个基准点 PNT0 和 PNT1,单击【基准轴】对话框中的"确定"按钮,完成基准轴 A_1 的创建,如图 4-164 所示。

（3）创建基准平面

① 单击创建基准平面按钮 ,弹出【基准平面】对话框,如图 4-165。

② 点选 A_1 基准轴,在【基准平面】对话框中单击参照下面的"穿过"选项,按下下拉按钮 将其改为"法向",如图 4-166 所示,按住 Ctrl 键选择上表面一边或一点作为参照(图 4-167(a))。点击【基准平面】对话框中的"确定"按钮,创建如图 4-167(b)所示基准平面 DTM1。

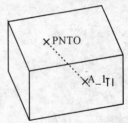

图 4-164　A_1 基准轴创建结果

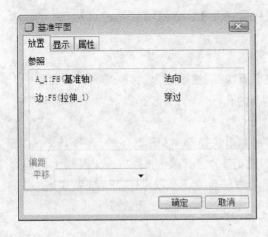

图 4-165　【基准平面】对话框

图 4-166　选项改变

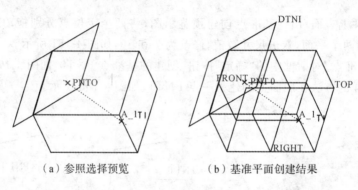

（a）参照选择预览　　　　（b）基准平面创建结果

图 4-167

（4）打孔

① 单击 T 按钮，打开孔特征操作面板。

② 在直径输入框中输入直径 5，选择"穿透"选项 作为孔深度。

③ 单击 DTM1 基准平面，作为孔的主参照面，出现孔的预览示例。按住 Ctrl 键点选圆柱的轴心 A_1。此时孔的定位方式为"同轴"定位方式。单击操作面板上的"确定"按钮 ，完成孔特征的创建，如图 4-168 所示。

图 4-168　孔特征创建结果

步骤 4　文件保存

单击菜单【文件】→【保存】命令，保存当前模型文件。

步骤 5　文件保存副本

单击菜单【文件】→【保存副本】命令，弹出【保存副本】对话框，在"新建名称"栏中输入"Xiekong2"，按"确定"按钮保存当前模型文件。

步骤 6　删除 φ5 的孔

在特征操作树中选择孔特征及 DTM1 基准平面特征，按键盘上的"Del"键将其删除。

步骤 7　根据图 4-156（b）的要求创建另一 φ5 的孔

（1）改变基准轴 A_1 的位置

在特征操作树中选择基准点特征 PNT0，右键弹出快捷菜单（图 4-169），选择其中的"编辑"选项，工作区模型变化如图 4-170 所示。双击数值 10，将其改为 8。单击工具栏上的模型再生按钮 ，PNT0 的位置发生了改变。依同样的方法改变 PNT1 的位置，结果如图 4-170 所示，基准轴 A_1 的位置会自动随其基准点 PNT0 和 PNT1 的改变而改变。

重命名
编辑
编辑定义
编辑参照

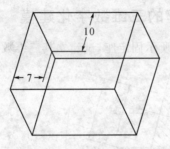

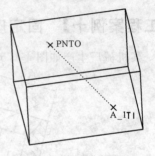

图 4-169　快捷菜单　　　　　图 4-170　点编辑显示　　　　图 4-171　基准点修改结果

（2）创建基准平面

① 单击创建基准平面按钮 ⬜，弹出【基准平面】对话框。

② 点选 A_1 基准轴，在【基准平面】对话框中单击参照下面的"穿过"选项，按下下拉按钮 ▼ 将其改为"法向"，按住 Ctrl 键选择上表面的一个顶点作为参照（图 4-172）。点击【基准平面】对话框中的"确定"按钮，创建如图 4-173 所示基准平面 DTM1。

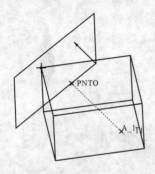

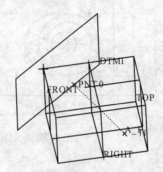

图 4-172　参照选择预览　　　　　　　图 4-173　基准平面创建结果

（3）打孔

① 单击 按钮，打开孔特征操作面板。

② 在直径输入框中输入直径 5，选择"穿透"选项 作为孔深度。

③ 单击 DTM1 基准平面，作为孔的主参照面，出现孔的预览示例。按住 Ctrl 键点选圆柱的轴心 A_1。此时孔的定位方式为"同轴"定位方式。单击操作面板上的"确定"按钮 ✔，完成孔特征的创建，如图 4-174 所示。

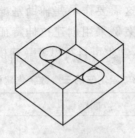

图 4-174　孔特征创建结果

步骤 8　文件保存

单击菜单【文件】→【保存】命令，保存当前模型文件。

【工程案例十】 固定座的三维数字化建模

某机械厂生产如图 4-175 所示固定座,试建立其三维数字化模型。

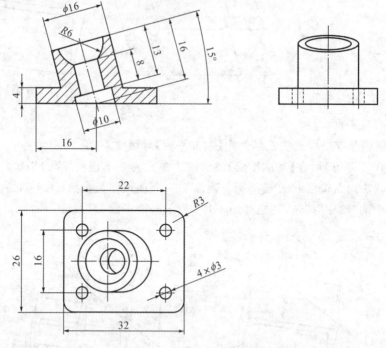

图 4-175   固定座的三维数字化模型

【学习目标】

1. 学习草绘孔的创建方法。
2. 学习基准特征的综合运用方法。
3. 学习特征删除、隐含与恢复、隐藏与取消隐藏的操作方法。

【固定座造型分析】

该零件的主要造型难点在于倾斜圆柱与孔的创建,根据该零件尺寸定位的方式,需要确定拉伸或旋转截面的空间位置,而这需要作一些辅助基准轴和基准平面来实现。为了讲解基准特征在零件造型中的作用,本案例采用创建拉伸特征的方式来创建斜圆柱。除了此方法外,该零件造型有更简单的方法,学生可自行思考。建模思路如表 4-28 所示。

表 4-28   固定座的三维数字化建模过程

关键步骤	1.拉伸创建底座	2.底座打孔	3.孔阵列	4.孔特征隐含
图示				

续　表

关键步骤	5.拉伸创建斜圆柱	6.通过草绘孔特征创建斜圆柱内的孔	7.孔特征恢复	8.创建圆角特征
图示				

【相关知识点】

1. 特征删除、隐含与恢复

特征删除是将已经建立的特征从模型树和绘图区中删除,特征删除后无法再恢复。特征隐含是将暂时用不到的特征隐藏起来,以简化零件模型,加快零件的显示过程,特征隐含后可以通过特征恢复命令重新显示出来。

2. 特征隐藏与取消隐藏

特征的隐藏和取消隐藏主要是针对基准特征的,例如基准平面和基准轴,而对其他特征无效。

3. 草绘孔的创建

草绘孔特征是通过草绘的孔截面进行旋转而成的旋转特征,草绘孔的形式多样,包括沉头孔和阶梯孔等。

注意:草绘孔特征创建时必须有一个竖直放置的中心线作为旋转轴,并至少有一个垂直于这个旋转轴的图元。

【操作步骤】

步骤1　新建文件

单击工具栏中的新建文件按钮 ,在弹出的【新建】对话框中选择"零件"类型,单击"使用缺省模板"复选框取消选中标志,在【名称】栏输入新建文件名"Gudingzuo"。单击"确定"按钮,打开【新文件选项】对话框。选择"mmns_part_solid"模板,按下"确定"按钮,进入三维零件绘制环境。

步骤2　拉伸创建底座

① 单击按钮 ,打开拉伸特征操控板。

② 单击【放置】面板中的【定义】按钮,打开【草绘】对话框。

③ 选择 TOP 基准面为草绘平面,参照面按缺省值设置。

④ 单击草绘按钮,系统进入草绘工作环境。

⑤ 绘制如图 4-176 所示二维截面。单击草绘完成按钮 ✔ ,返回拉伸特征操控板。

⑥在数值编辑框中输入 4,单击按钮 ✔ ,完成拉伸特征的创建,结果如图 4-177 所示。

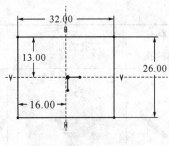

图 4-176　草绘二维截面　　　　　图 4-177　截面拉伸结果

步骤 3　底座打孔

① 单击 按钮，打开孔特征操作面板。

② 在直径输入框中输入直径 3，选择"穿透"选项 作为孔深度。

③ 单击零件上表面，作为孔的主参照面（创建的孔与主参照面垂直），出现孔的预览示例，如图 4-178 所示。此时孔的定位方式默认为"线性"定位方式，即采用两条边或两个平面作为定位参照。

④ 将两个定位拖动点拖动到相应的定位面上，并双击改变偏移数值，如图 4-178 所示。单击完成按钮 ，完成 φ3 直孔的创建，如图 4-179 所示。

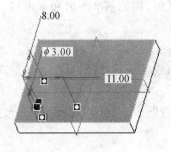

图 4-178　孔创建预览　　　　　图 4-179　孔创建结果

步骤 4　孔特征阵列（或镜像）

① 点选上步创建的孔特征，单击特征阵列按钮 ，弹出特征阵列操作面板。

② 选取要在第一方向上改变的尺寸，此处为"11"的尺寸，弹出尺寸编辑框，在其中输入数值"－22"（注意：数值的负号表示阵列方向）。在操作面板中第一个方向的阵列数中输入 2（此处为默认值）。选取要在第二方向上改变的尺寸，此处为"8"的尺寸，弹出尺寸编辑框，在其中输入数值"－16"。在操作面板中第二个方向的阵列数中输入 2（此处也为默认值）。单击完成按钮 ，完成孔特征的阵列，结果如图 4-180 所示。

图 4-180　孔特征阵列

步骤 5　底座孔特征的隐含

在模型树中单击孔阵列特征，按鼠标右键弹出快捷菜单（图 4-181），在其中选择"隐含"命令，弹出【隐含】对话框（图 4-182），按"确定"按钮即可。

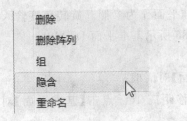

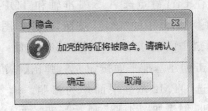

图 4-181　快捷菜单　　　　　　　　图 4-182　【隐含】对话框

步骤 6　拉伸创建斜圆柱

(1)通过两平面相交的方式创建基准轴

①单击创建基准轴按钮 / ,弹出【基准轴】对话框。

②按住 Ctrl 键点选 RIGHT 和 TOP 两个基准平面作为参照。点击【基准轴】对话框中的"确定"按钮,创建如图 4-183 所示基准轴 A_5。

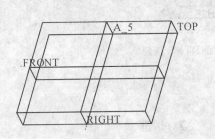

图 4-183　基准轴 A_5 创建

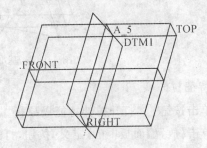

图 4-184　基准平面 DTM1 创建

(2)通过某平面绕某轴旋转的方式创建基准平面

① 单击创建基准平面按钮 ▱ ,弹出【基准平面】对话框。

② 按住 Ctrl 键点选 A_5 基准轴和 RIGHT 基准平面作为参照。旋转角度输入 15。点击【基准平面】对话框中的"确定"按钮,创建如图 4-184 所示基准平面 DTM1。

(3)通过两平面相交的方式创建基准轴

① 单击创建基准轴按钮 / ,弹出【基准轴】对话框。

② 按住 Ctrl 键点选 DTM1 和 FRONT 两个基准平面作为参照。点击【基准轴】对话框中的"确定"按钮,创建如图 4-185 所示基准轴 A_6。

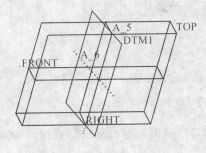

图 4-185　基准轴 A_6 创建

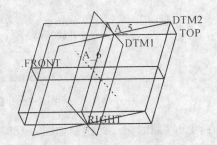

图 4-186　基准平面 DTM2 创建

(4)通过某平面绕某轴旋转的方式创建基准平面

① 单击创建基准平面按钮 ▱ ,弹出【基准平面】对话框。

② 按住 Ctrl 键点选 A_5 基准轴和 TOP 基准平面作为参照。旋转角度输入 15。点击【基准平面】对话框中的"确定"按钮,创建如图 4-186 所示基准平面 DTM2。

(5)通过平面偏移的方式创建基准平面

① 单击创建基准平面按钮 ▱ ,弹出【基准平面】对话框。

② 点选 DTM2 基准平面作为参照。输入偏移距离 16。点击【基准平面】对话框中的"确定"按钮,创建如图 4-187 所示基准平面 DTM3。

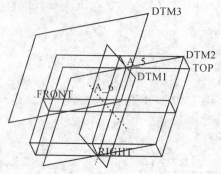

图 4-187 基准平面 DTM3 创建

(6)特征拉伸

① 单击按钮 ⬚ ,打开拉伸特征操控板。

② 单击【放置】面板中的【定义】按钮,打开【草绘】对话框。

③ 选择 DTM3 基准面为草绘平面,参照面按缺省值设置。

④ 单击草绘按钮,系统弹出【参照】对话框(图 4-188)。在参照中已有一个参照 F3 (FRONT),它作为草绘截面的 X 轴参照。点选绘图区中的基准轴 A_5 作为 Y 轴参照。点击"关闭"按钮,进入草绘工作环境。

图 4-188 【参照】对话框

⑤ 在两个参照的交点处绘制如图 4-189 所示二维截面。单击草绘完成按钮 ✔ ,返回拉伸特征操控板。

⑥ 将深度类型改为"拉伸至下一曲面"▤,单击按钮 ✔,完成拉伸特征的创建,结果如图 4-190 所示。

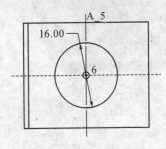

图 4-189 草绘二维截面

图 4-190 截面拉伸结果

步骤 7 通过草绘孔特征创建斜圆柱内的孔

① 单击 按钮,打开孔特征操作面板。

② 单击操作面板上的"草绘孔"按钮▦,此时操作面板会发生改变。单击其中的"草绘"按钮▦,系统进入二维草绘状态。

③ 绘制如图 4-191 所示二维封闭截面和中心轴后按草绘确定按钮 ✔,系统返回孔特征定位方式。

④ 单击圆柱上表面,作为孔的主参照面(创建的孔与主参照面垂直),出现孔的预览示例。按住 Ctrl 键点选基准轴 A_5。此时孔的定位方式为"同轴"定位方式。单击操作面板上的"确定"按钮 ✔,完成草绘孔特征的创建,如图 4-192 所示。

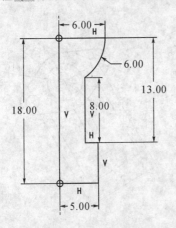

图 4-191 草绘二维截面

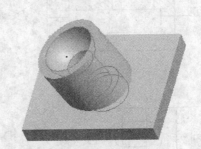

图 4-192 草绘孔创建结果

步骤 8 创建底座圆角特征

① 单击圆角特征创建按钮 ⬎,打开圆角特征操作面板。

② 按住 Ctrl 键后点选底座的四条要倒圆角的边,并在圆角半径输入框中输入 3,单击"确定"按钮 ✔,完成圆角特征的创建,如图 4-193(a)所示。

（a）圆角特征创建

（b）孔特征恢复

图 4-193

步骤 9 创建底座孔特征的恢复

单击主菜单【编辑】→【恢复】→【恢复全部】命令，结果如图 4-193(b)所示。

步骤 10 文件保存

单击菜单【文件】→【保存】命令，保存当前模型文件。

【举一反三】

试构造如图 4-194 所示支架零件的三维数字化模型。

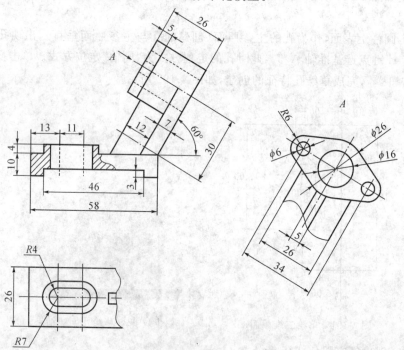

图 4-194 支架零件的三维数字化模型

表 4-29 支架的三维数字化建模思路

关键步骤	1.底座拉伸	2.拉伸切割底座	3.拉伸添加凸台
图示			

关键步骤	4.拉伸切割凸台	5.拉伸创建侧板	6.侧板上添加圆柱
图示			

关键步骤	7.创建加强筋	8.侧圆柱钻 $\phi5$ 的孔	9.创建 $R6$ 的孔
图示			

关键步骤	10.孔镜像	11.创建 $\phi16$ 的通孔	
图示	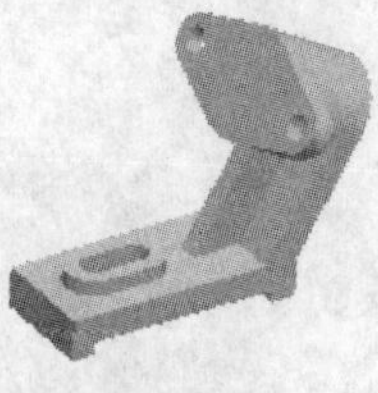		

场景 7　特征的编辑与修改

认知 1　特征的编辑与修改

特征创建完成后,如果发现有问题或需要对其进行尺寸与形状修改,此时就需要对特征进行编辑修改。常用的编辑修改方式有特征编辑、特征重定义、特征镜像、特征复制、特征阵列、特征删除、隐含与恢复、特征隐藏与取消隐藏、创建组与分解组、特征排序以及零件镜像等。上述编辑修改方式中有的已在前面的案例教学中进行描述,这里不再赘述。

1. 特征排序

一般来说特征是按顺序进行创建的,但用户也可改变特征的排列顺序,将特征模型树中某个特征拖动到合适位置。

2. 特征组与分解组

因为有很多命令只是针对单个特征的,通过创建特征组,可以将若干相邻的特征合成一个组,以方便用户对特征组进行整体操作,如特征阵列等。当然也可以将成组的特征分解成单个的特征,以便对每个特征进行操作。

3. 零件镜像

对整个零件进行镜像操作,而不仅仅是对某个特征进行镜像操作。

【特征编辑演示案例】

创建如图 4-195 所示的三维零件。

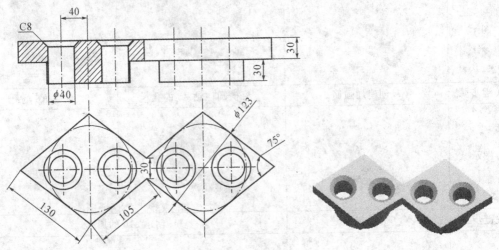

图 4-195　特征编辑示例

【学习目标】

1. 学习特征顺序的调整方法。
2. 学习组特征的创建与分解方法。
3. 学习零件镜像的操作方法。

【建模思路】

该示例的建模思路如表 4-30 所示。

表 4-30　特征编辑演示案例的建模思路

关键步骤	1.拉伸创建基础零件	2.创建孔特征	3.孔倒角
图示			
关键步骤	4.建立组特征	5.组特征镜像	6.拉伸添加特征
图示	FEATURE-MODIFY.PRT RIGHT TOP FRONT PRT_CSYS_DEF 拉伸 1 组LOCAL_GROUP 　孔 1 　倒角 1 在此插入		

续　表

关键步骤	7.特征顺序重排	8.零件镜像
图示	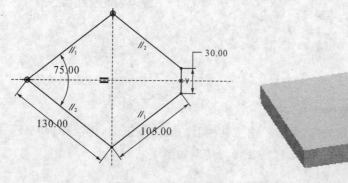	

【操作步骤】

步骤1　新建文件

单击工具栏中的新建文件按钮🗋,在弹出的【新建】对话框中选择"零件"类型,单击"使用缺省模板"复选框取消选中标志,在【名称】栏输入新建文件名"feature-modify"。单击"确定"按钮,打开【新文件选项】对话框。选择"mmns_part_solid"模板,按下"确定"按钮,进入三维零件绘制环境。

步骤2　拉伸创建基础零件

① 单击按钮🗗,打开拉伸特征操控板。

② 单击【放置】面板中的【定义】按钮,打开【草绘】对话框。

③ 选择 TOP 基准面为草绘平面,参照面按缺省值设置。

④ 单击草绘按钮,系统进入草绘工作环境。

⑤ 绘制如图 4-196 所示二维截面。单击草绘完成按钮✔,返回拉伸特征操控板。

⑥ 在数值编辑框中输入 30,单击按钮✔,完成拉伸特征的创建,结果如图 4-197 所示。

图 4-196　草绘二维截面　　　　图 4-197　截面拉伸结果

步骤3　创建孔特征

① 单击🔟按钮,打开孔特征操作面板。

② 在直径输入框中输入直径 40,选择"穿透"选项⧰作为孔深度。

③ 单击零件上表面,作为孔的主参照面(创建的孔与主参照面垂直),出现孔的预览示例,如图 4-198 所示。此时孔的定位方式默认为"线性"定位方式,即采用两条边或两个平面

作为定位参照。

④ 将两个定位拖动点拖动到相应的定位面上(基准平面 FRONT 和 RIGHT),并双击改变偏移数值 40 和 0。单击完成按钮 ✔,完成 φ40 直孔的创建,如图 4-199 所示。

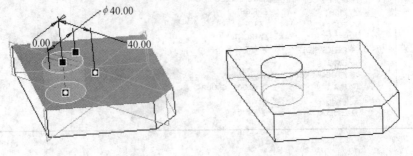

图 4-198 孔创建预览   图 4-199 孔创建结果

步骤 4 创建倒角特征

① 单击工具栏中的倒角按钮 ✎,打开倒角特征操作面板。

② 点选孔的边,出现倒角特征预览,双击倒角距离数值,在弹出的编辑框中输入 8 后按回车键。单击完成按钮 ✔,完成倒角特征的创建,如图 4-200 所示。

图 4-200 倒角特征创建结果

步骤 5 创建组特征

按住 Ctrl 键,在模型特征树中选择刚刚创建的孔特征和倒角特征,右键弹出快捷菜单,如图 4-201 所示。点选其中的"组"选项,系统将孔特征和倒角特征列为一组,结果如图 4-202 所示。

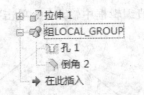

图 4-201 快捷菜单   图 4-202 创建组特征

步骤 6 组特征镜像

选择刚刚创建的组特征,然后单击工具栏上的镜像按钮 ,再选择 RIGHT 基准平面为镜像平面,并按下完成按钮 ✔,组特征镜像结果如图 4-203 所示。

图 4-203 组特征镜像结果

步骤 7　拉伸添加圆柱

① 单击 按钮,打开拉伸特征操控板。

② 单击【放置】面板中的【定义】按钮,打开【草绘】对话框。

③ 选择 TOP 基准面为草绘平面,参照面按缺省值设置。

④ 单击草绘按钮,系统进入草绘工作环境。

⑤ 绘制如图 4-204 所示二维截面。单击草绘完成按钮 ✔,返回拉伸特征操控板。

⑥ 在数值编辑框中输入 30,单击按钮 ✔,完成拉伸特征的创建,结果如图 4-205 所示。

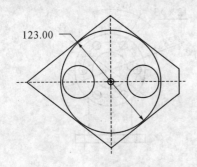 

图 4-204　草绘二维截面　　　　　图 4-205　截面拉伸结果

步骤 8　特征重排

在特征模型树中单击特征最后创建的拉伸特征"拉伸 2"(图 4-206),按住鼠标左键拖动,将"拉伸 2"特征拖到"拉伸 1"的下面(图 4-207),工作区中模型变化如图 4-208 所示,孔已经打通。

图 4-206　特征拖动前　　图 4-207　特征拖动后　　图 4-208　模型变化结果

步骤 9　零件阵列

在特征模型树中单击第一个零件符号"FEATURE-MODIFY.PRT",然后单击工具栏上的镜像按钮 ,再选择零件右侧平面为镜像平面,并按下完成按钮 ✔,零件镜像结果如图 4-209 所示。

图 4-209　零件镜像结果

步骤 10　文件保存

单击菜单【文件】→【保存】命令，保存当前模型文件。

综合工程案例实战演练

【综合案例练习】

试建立图 4-210 所示各零件的三维数字化模型。

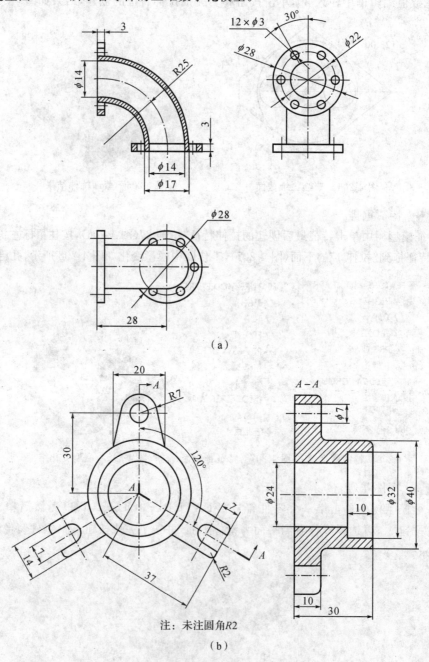

（a）

注：未注圆角R2

（b）

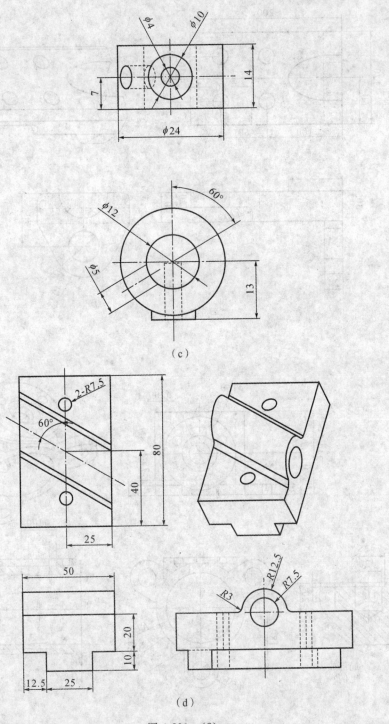

（c）

（d）

图 4-210 （2）

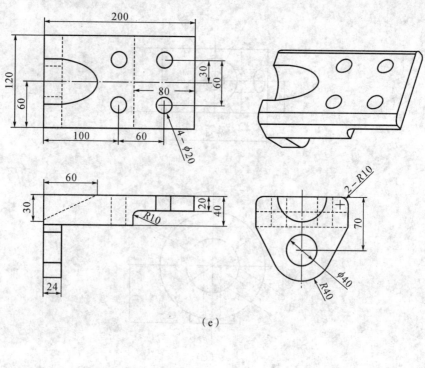

（e）

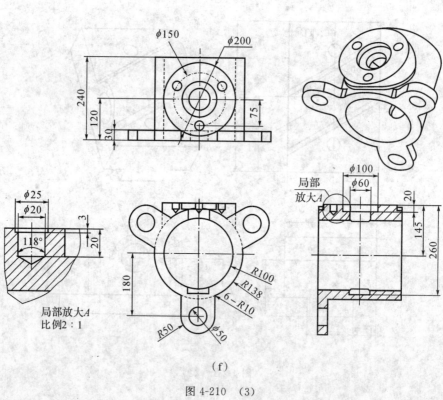

（f）

图 4-210 （3）

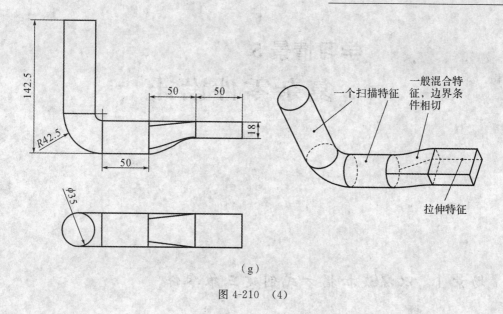

（g）

图 4-210　（4）

学习情景 5
复杂零件设计

场景 1 以螺旋扫描方式创建三维零件

【工程案例一】 弹簧的三维数字化建模

某机械厂生产如图 5-1 所示弹簧,要求建立其三维数字化模型。

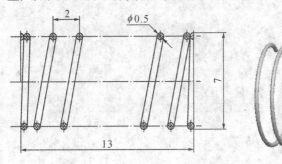

图 5-1 弹簧模型

【学习目标】

1. 学习螺旋扫描的创建过程。
2. 掌握弹簧的绘制方法。

【弹簧模型造型分析】

在日常生活中,弹簧已经广泛应用于各个领域,特别是在各种机械设备中,弹簧的应用更加广泛。按照形状的不同,弹簧可分为螺旋弹簧、环形弹簧、碟状弹簧、板状弹簧等。本案例主要是通过构造螺旋扫描特征来创建圆柱螺旋弹簧。

【相关知识点】

螺旋扫描特征

螺旋扫描是一个剖面沿着一条螺旋线轨迹扫描,产生螺旋状的扫描特征。创建一个螺旋扫描特征需要具备四要素,即旋转轴、轮廓线、螺距、剖面。

【操作步骤】

　　步骤 1　设置工作目录

单击菜单【文件】→【设置工作目录】命令,将文件放置在自己建立的文件夹下。

　　步骤 2　新建文件

单击工具栏中的新建文件按钮□,在弹出的【新建】对话框中选择"零件"类型,单击"使用缺省模板"复选框取消选中标志,在【名称】栏输入新建文件名"Spring"。单击"确定"按钮,打开【新文件选项】对话框。选择"mmns_part_solid"模板,按下"确定"按钮,进入三维零件绘制环境。

　　步骤 3　螺旋扫描创建弹簧

① 单击菜单【插入】→【螺旋扫描】→【伸出项】命令,弹出【伸出项】(图 5-2)与【属性】(图 5-3)对话框。接受默认的选择"常数、穿过轴、右手定则",点击"完成"。系统弹出【设置草绘平面】对话框,接受默认的选择"新设置、平面"。点击绘图区的 FRONT 基准平面,弹出【方向】对话框。点击其中的"正向"选项,弹出【草绘视图】对话框。选择其中的"缺省"选项,系统进入二维轨迹草绘状态。

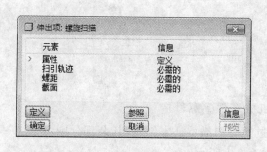

图 5-2　【伸出项】对话框

图 5-3　【属性】对话框

② 绘制如图 5-4 所示的中心轴和直线。单击草绘完成按钮✔,系统提示输入节距值(图 5-5),在其中输入 2,按下确定按钮✔,系统进入截面绘制状态。

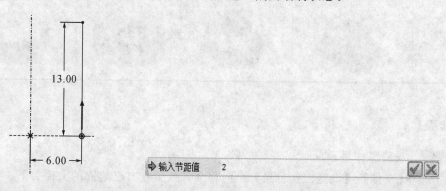

图 5-4　中心轴与截面

图 5-5　节距输入框

③ 绘制如图 5-6 所示圆形二维截面。(注意截面绘制的位置,应绘制在两条中心轴的交点处)。按下草绘完成按钮 ✔,系统返回【伸出项:螺旋扫描】对话框,单击其中的"确定"按钮,完成弹簧的造型,结果如图 5-7 所示。

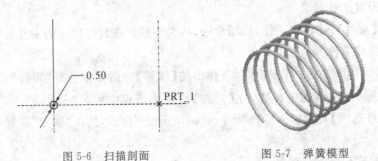

图 5-6 扫描剖面   图 5-7 弹簧模型

步骤 4 文件保存

单击菜单【文件】→【保存】命令,保存当前模型文件。

【工程案例二】 螺母的三维数字化建模

某机械厂生产如图 5-8 所示螺母,要求建立其三维数字化模型。

【学习目标】

1. 学习真实螺纹的绘制方法。
2. 掌握螺母、螺栓的建模方法。

【螺母模型造型分析】

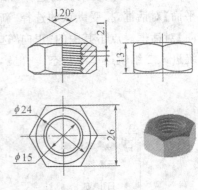

图 5-8 螺母模型

螺母也是日常生活中常见的一种机械零件。螺母造型的难点在于真实螺纹的创建,可以通过螺旋扫描特征来创建,其余部分则可以通过简单的拉伸、旋转、镜像来实现。其创建思路如表 5-1 所示。

表 5-1 螺母的三维数字化建模思路

关键步骤	1.拉伸创建毛坯	2.旋转切割	3.特征镜像	4.内螺纹创建
图示				

【操作步骤】

步骤 1 设置工作目录

单击菜单【文件】→【设置工作目录】命令,将文件放置在自己建立的文件夹下。

步骤 2 新建文件

单击工具栏中的新建文件按钮🗋,在弹出的【新建】对话框中选择"零件"类型,单击"使用缺省模板"复选框取消选中标志,在【名称】栏输入新建文件名"Nut"。单击"确定"按钮,打开【新文件选项】对话框。选择"mmns_part_solid"模板,按下"确定"按钮,进入三维零件绘制环境。

步骤 3　拉伸创建毛坯

① 单击🗗按钮,打开拉伸特征操控板。

② 单击【放置】面板中的【定义】按钮,打开【草绘】对话框。

③ 选择 TOP 基准面为草绘平面,参照面按缺省值设置。单击"草绘"按钮,系统进入草绘工作环境。

④ 绘制如图 5-9 所示二维截面。单击草绘完成按钮✔,返回拉伸特征操控板。

⑤ 将拉伸类型改为对称拉伸🗗,并在数值编辑框中输入 13,单击按钮✔,完成拉伸特征的创建,结果如图 5-10 所示。

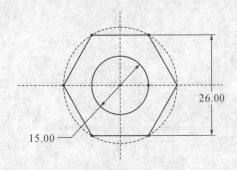

图 5-9　草绘二维截面　　　　　　　　图 5-10　截面拉伸结果

步骤 4　旋转切割

① 单击🗘按钮,打开旋转特征操控板。按下"去除材料"按钮◿。

② 单击【放置】面板中的【定义】按钮,打开【草绘】对话框。

③ 选择 FRONT 基准面为草绘平面,参照面及方向为缺省值。单击"草绘"按钮进入草绘状态。

④ 绘制如图 5-11 所示的三角形二维截面和中心轴。

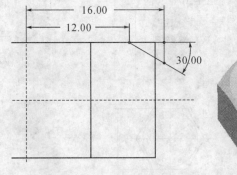

图 5-11　旋转截面及中心轴　　　　图 5-12　旋转切割结果　　　　图 5-13　特征镜像结果

⑤ 单击草绘完成按钮✔,返回旋转特征操控板。

⑥ 单击操控板上的按钮 ✔，完成旋转切割特征创建，如图 5-12 所示。

步骤5　切割部分镜像

① 选择步骤 4 创建的旋转切割特征。（注：可以通过特征模型树来选择）

② 点击工具栏上的特征镜像按钮 ⅱ，弹出镜像特征操作面板。选择 TOP 面为镜像平面，按下镜像操作面板上的确定按钮 ✔，即可完成特征镜像，如图 5-13 所示。

步骤6　螺旋扫描切割创建内螺纹

① 单击菜单【插入】→【螺旋扫描】→【切口】命令，弹出【切剪】与【属性】对话框。接受默认的选择"常数、穿过轴、右手定则"，点击"完成"。系统弹出【设置草绘平面】对话框，接受默认的选择"新设置、平面"。点击绘图区的 FRONT 基准平面，弹出【方向】对话框。点击其中的"正向"选项，弹出【草绘视图】对话框。选择其中的"缺省"选项，系统进入二维轨迹草绘状态。

② 绘制如图 5-14 的中心轴和直线。单击草绘完成按钮 ✔，系统提示输入节距值，在其中输入 2.1，按下确定按钮 ✔，系统进入截面绘制状态。

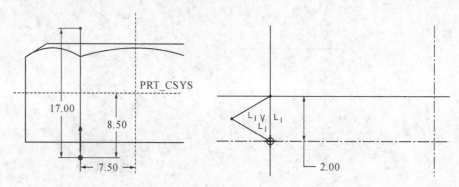

图 5-14　中心轴与截面　　　　图 5-15　扫描剖面

③ 绘制如图 5-15 三角形二维截面。按下草绘完成按钮 ✔，系统弹出【方向】对话框，选择"正向"，系统返回【切剪：螺旋扫描】对话框，单击其中的"确定"按钮，完成真实螺纹的创建，结果如 5-16 所示。

图 5-16　弹簧模型及剖切结果

步骤7　文件保存

单击菜单【文件】→【保存】命令，保存当前模型文件。

【举一反三】

某机电有限公司生产如图 5-17 所示螺栓，要求建立其三维数字化模型。

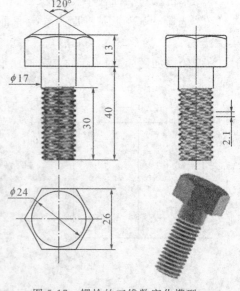

图 5-17　螺栓的三维数字化模型

表 5-2 螺栓的三维数字化建模思路

<table>
<tr><td>关键步骤</td><td>1.拉伸创建螺栓头</td><td>2.旋转切割螺栓头</td><td>3.拉伸创建螺纹体</td><td>4.倒角</td></tr>
<tr><td>图示</td><td></td><td></td><td>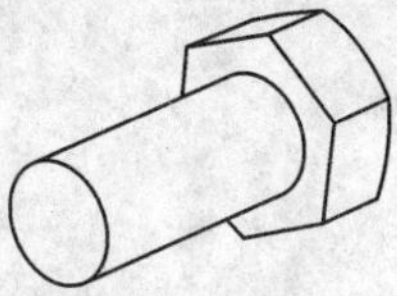</td><td></td></tr>
<tr><td>关键步骤</td><td colspan="4">5.外螺纹创建</td></tr>
<tr><td>图示</td><td colspan="4">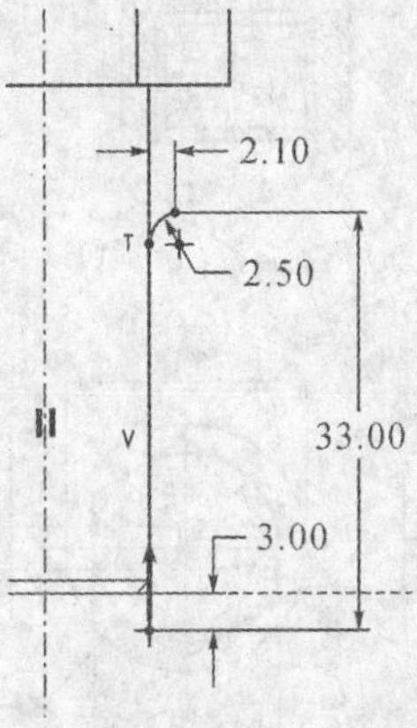

轨迹为一直线与一圆弧（圆弧用于螺纹收尾，注意圆弧必须与直线相切）
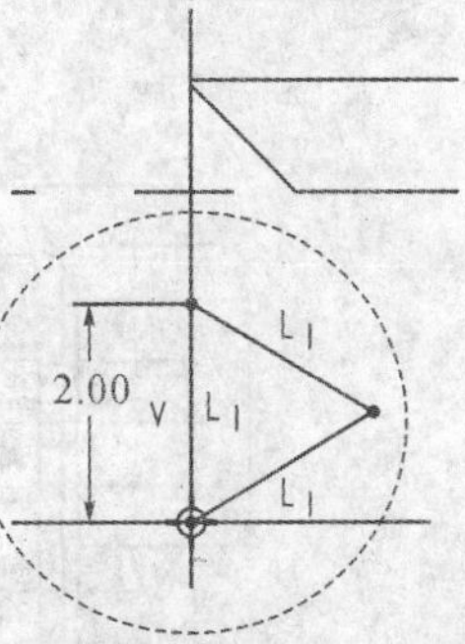

截面为一边长为2的三角形（虚圆内部分）
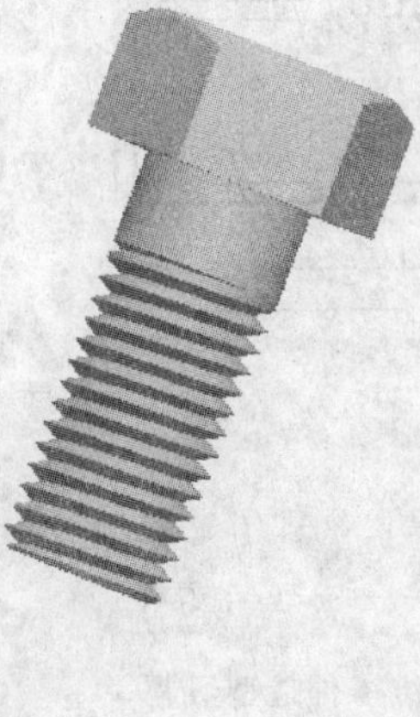
实体</td></tr>
</table>

【工程案例练习】

创建如图 5-18 所示各零件的三维数字化模型。

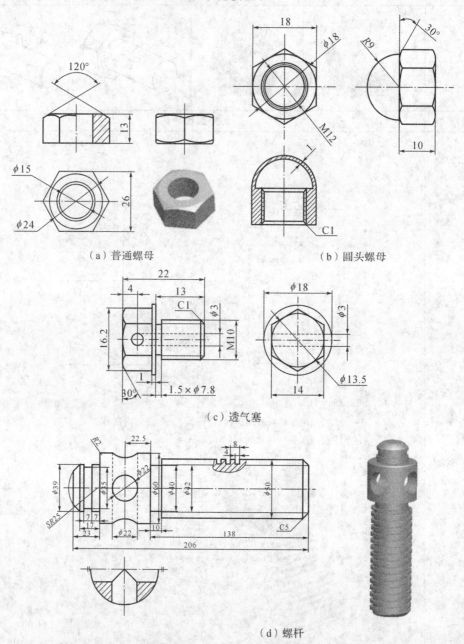

（a）普通螺母　　　　　　　　　　　（b）圆头螺母

（c）透气塞

（d）螺杆

图 5-18　三维零件造型习题

场景 2 以一般混合方式创建三维零件

【工程案例三】 绞刀的三维数字化建模

某刀具厂生产如图 5-19 所示绞刀,要求建立其三维数字化模型。

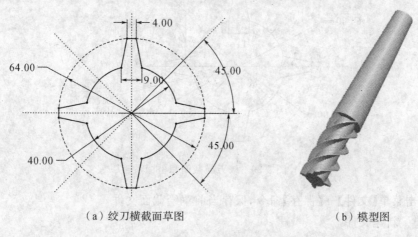

（a）绞刀横截面草图   （b）模型图

图 5-19 绞刀模型图

构图说明:8 个相同截面,每个截面均绕 Z 轴旋转 45°,截面间距 25。

【学习目标】

1. 学习一般混合特征的创建方法。
2. 掌握绞刀的建模方法。

【绞刀模型造型分析】

绞刀造型的难点在于刀刃部分。绞刀刀刃部分是由八个截面按二次曲线的方式平滑过渡而成,可以采用一般混合特征的方式来创建。而且由于每个横截面的形状与尺寸均相同,可以采用先绘制截面文件的方法,然后进行调用,以减少截面绘制的次数。绞刀刀柄部分则可以采用旋转或拉伸＋拔模方式来创建。

【相关知识点】

一般混合特征

一般混合特征作为混合特征的一种,它也是由两个或多个剖面在其边界处用过渡曲面连接而成的一个连续特征。与平行混合、旋转混合特征不同的是:一般混合特征的截面可以绕 X 轴、Y 轴和 Z 轴旋转和平移,每个截面都单独草绘,并用截面坐标系对齐。

【操作步骤】

步骤 1 设置工作目录

单击菜单【文件】→【设置工作目录】命令,将文件放置在自己建立的文件夹下。

步骤 2 草绘截面文件制作

① 单击工具栏中的新建文件按钮□，在弹出的【新建】对话框中选择"草绘"类型，在【名称】栏输入新建文件名"jiaodao-section"。单击"确定"按钮，进入二维草绘环境。

② 绘制如图 5-20 所示二维截面和坐标系（在截面的中心位置上）。

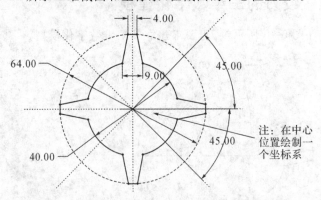

注：在中心位置绘制一个坐标系

图 5-20　绞刀横截面和坐标系

③ 单击菜单【文件】→【保存】命令，保存当前草绘截面文件。

步骤 3　新建文件

单击工具栏中的新建文件按钮□，在弹出的【新建】对话框中选择"零件"类型，单击"使用缺省模板"复选框取消选中标志，在【名称】栏输入新建文件名"jiaodao"。单击"确定"按钮，打开【新文件选项】对话框。选择"mmns_part_solid"模板，按下"确定"按钮，进入三维零件绘制环境。

步骤 4　混合创建绞刀刀刃

① 单击主菜单【插入】→【混合】→【伸出项】命令，弹出【混合选项】对话框（图 4-68），选择"一般、规则截面、草绘截面"，按下"完成"按钮，弹出【属性】对话框，选择"光滑"，按下"完成"按钮，弹出【设置草绘平面】对话框，选择 TOP 基准平面，弹出【方向】对话框，点击"正向"选项，弹出【草绘视图】对话框（图 4-72），选择其中的"缺省"选项，系统进入截面草绘状态。

② 单击主菜单【草绘】→【数据来自文件】→【文件系统】命令。选择步骤 2 创建的截面文件"jiaodao-section"，在绘图区点击鼠标左键，出现截面形状预览图（图 5-21），并弹出【缩放旋转】对话框（图 5-22），将截面拖动到系统缺省坐标系位置，并在比例项中输入 1，按下按钮✔即可。

图 5-21　草绘截面

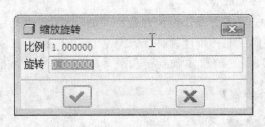

图 5-22　缩放旋转对话框

③ 单击草绘完成按钮✔，依次弹出消息输入对话框（图 5-23），在其中输入 0、0、45，以

确定截面 2 绕坐标轴旋转的角度,数值之间切换通过点击按钮✅实现。输入完成后系统进入第二个截面绘制状态。

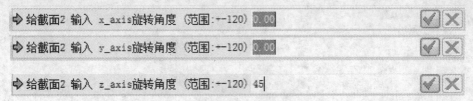

图 5-23　截面 2 位置输入对话框

④ 重复②～③的步骤,完成其余 7 个截面的绘制。在每个截面绘制前,系统都会弹出对话框(图 5-24),提示用户需不需要绘制下一截面,如果需要,则点击"是"按钮,否则按"否"按钮。

图 5-24　截面绘制与否对话框

⑤ 当第八个截面绘制完成后,按"否"按钮后,系统提示输入截面 2 的深度(图 5-25),在其中输入 20,单击✅,以确定第一个截面与第二个截面之间的高度。其余操作类似。当输入第八个截面的深度,单击✅时,系统返回【伸出项:混合、一般、规则截面】对话框,按下其中的"确定"按钮,便可完成混合特征创建,结果如图 5-26 所示。

➡ 输入截面2的深度	20	✅❌
➡ 输入截面3的深度	20.0000	✅❌
➡ 输入截面8的深度	20.0000	✅❌

图 5-25　截面间深度对话框

图 5-26　混合特征创建结果

步骤 5　旋转创建刀柄

① 单击✥按钮,打开旋转特征操控板。

② 单击【放置】面板中的【定义】按钮,打开【草绘】对话框。

③ 选择 FRONT 基准面为草绘平面,参照面及方向为缺省值(此处为 RIGHT 基准面)。单击"草绘"按钮进入草绘状态。

④ 绘制如图 5-27 所示的二维截面。

⑤ 单击草绘完成按钮✔,返回旋转特征操控板。

⑥ 单击操控板上的按钮✔,完成刀柄创建,如图 5-28 所示。

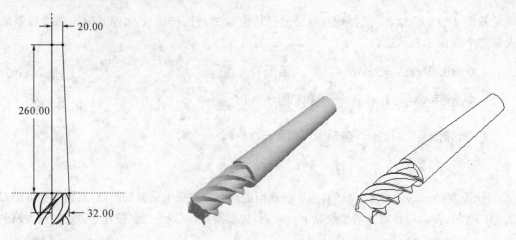

图 5-27　旋转截面及中心轴　　　　　　　　图 5-28　绞刀模型图

步骤 6　文件保存

单击菜单【文件】→【保存】命令,保存当前模型文件。

场景 3　以扫描混合方式创建三维零件

【工程案例四】　吊钩的三维数字化建模

某机械厂生产如图 5-29 所示吊钩零件,要求建立其三维数字化模型。

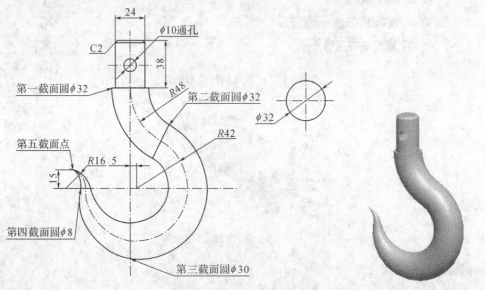

图 5-29　吊钩零件模型图

【学习目标】

1.学习扫描混合特征的创建方法。

2.掌握应用扫描混合特征创建吊钩零件的建模方法。

【吊钩零件模型造型分析】

吊钩在机械设计中应用比较广泛，一般用于起重机、拖车等设备的承力、连接部件。对于该零件实体模型的创建，主要使用创建扫描混合特征的方法。其他部分均可采用旋转、拉伸、倒角方式来创建。

【相关知识点】

扫描混合特征

扫描混合特征是使用一条轨迹线与多个截面图形来创建一个实体或曲面特征。这种特征同时具有扫描和混合的特性。在建立扫描混合特征时，需要有一条轨迹线和至少两个特征剖面。而轨迹线可通过草绘曲线方式来创建。

【操作步骤】

步骤 1　设置工作目录

单击菜单【文件】→【设置工作目录】命令，将文件放置在自己建立的文件夹下。

步骤 2　新建文件

单击工具栏中的新建文件按钮□，在弹出的【新建】对话框中选择"零件"类型，单击"使用缺省模板"复选框取消选中标志，在【名称】栏输入新建文件名"diaogou"。单击"确定"按钮，打开【新文件选项】对话框。选择"mmns_part_solid"模板，按下"确定"按钮，进入三维零件绘制环境。

步骤 3　草绘创建钩体轨迹曲线

① 在工具栏中单击"草绘工具"按钮▓，弹出【草绘】对话框，在绘图区选取 FRONT 基准平面作为草绘平面，单击对话框中的"草绘"按钮，系统进入草绘设计环境。

② 绘制如图 5-30 所示曲线。单击草绘完成按钮✔。

③ 在工具栏中单击"基准点工具"按钮✕✕，弹出【基准点】对话框，在草绘曲线中间的两个相切节点位置创建三个基准点 PNT0、PNT1、PNT2，如图 5-31 所示。

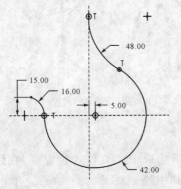

图 5-30　轨迹曲线

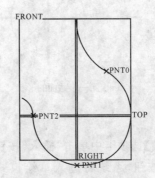

图 5-31　轨迹曲线上点的分布

步骤 4　扫描混合创建钩体

① 单击菜单【插入】→【扫描混合】命令，弹出扫描混合操作面板（图 5-32），系统默认的创建方式是曲面，点击操作面板上的创建实体按钮□。

② 单击操作面板上的【参照】菜单项，弹出【参照】选项卡（图 5-33），单击激活轨迹收集

图 5-32　扫描混合特征操作面板

器,然后在绘图区中选取草绘曲线。

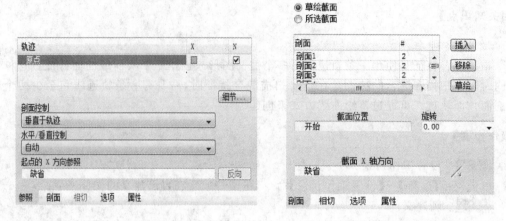

图 5-33　【参照】选项卡　　　　　　　图 5-34　【剖面】选项卡

③ 单击操作面板上的【剖面】菜单项,弹出【剖面】选项卡(图 5-34),此时剖面列表中已经有一个需要定义的剖面,截面位置收集器已经激活。在绘图区中单击第一个剖面的放置点。在剖面选项卡中单击"草绘"按钮,系统将进入草绘模式,在其中绘制一个圆,如图 5-35(a)所示。单击草绘完成按钮✔。剖面 1 绘制完成后,可观察到剖面垂直于曲线,如图 5-35(b)所示。

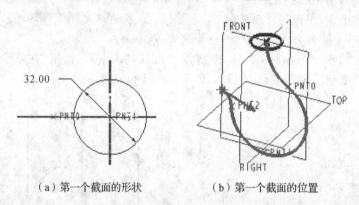

（a）第一个截面的形状　　　　（b）第一个截面的位置

图 5-35

④ 在【剖面】选项卡中单击"插入"按钮,然后选取 PNT0 作为位置点,在【剖面】选项卡中单击"草绘"按钮,系统将进入草绘模式,在其中绘制一个 $\phi32$ 的圆。单击草绘完成按钮✔。

⑤ 使用同样的方法再在 PNT1、PNT2 处分别插入 $\phi30$、$\phi8$ 的圆,并在轨迹线的末端插入一点。

⑥ 当所有的剖面绘制完成后,系统返回特征操作面板。可在绘图区中观察到模型的预览结果,单击操作面板上的确定按钮✔,即可完成特征的创建,如图 5-36 所示。

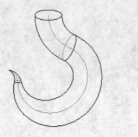

图 5-36　钩体创建结果

步骤 5　拉伸创建钩柄

① 单击 按钮,打开拉伸特征操控板。

② 单击【放置】面板中的【定义】按钮,打开【草绘】对话框。

③ 选择钩体上表面为草绘平面,系统弹出【参照】对话框,系统默认已有一个参照,点击 FRONT 基准平面作为另一参照,单击"关闭"按钮,系统进入草绘工作环境。

④ 绘制如图 5-37 所示二维截面。单击草绘完成按钮 ✔,返回拉伸特征操控板。

⑤ 在数值编辑框中输入 38,单击按钮 ✔,完成拉伸特征的创建,结果如图 5-38 所示。

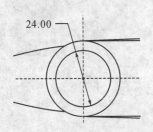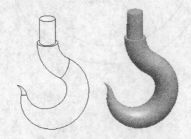

图 5-37　草绘二维截面　　　　图 5-38　截面拉伸结果

步骤 6　钩柄倒角

① 单击圆角特征创建按钮 ,打开倒角特征操作面板。

② 点选要倒角的边,并在倒角边长值输入框中输入 2,单击"确定"按钮 ✔,完成倒角特征的创建。

步骤 7　文件保存

单击菜单【文件】→【保存】命令,保存当前模型文件。

【工程案例五】　方向盘的三维数字化建模

某机械厂生产如图 5-39 所示方向盘,要求建立其三维数字化模型。

【学习目标】

1. 巩固扫描混合特征的创建方法。

2. 掌握方向盘的建模方法。

【方向盘模型造型分析】

本案例主要是学习如何通过扫描混合方式创建方向盘的轮辐结构,其他部分均可采用

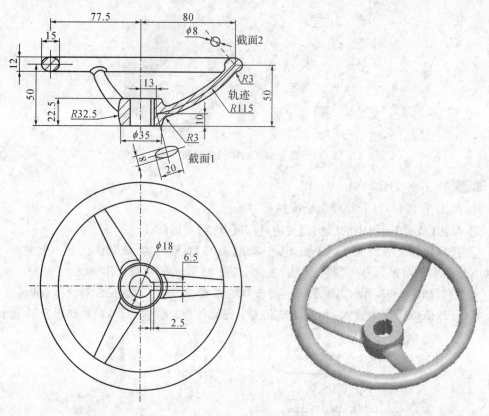

图 5-39 方向盘模型图

旋转或拉伸的方式来创建。

表 5-3 方向盘的三维数字化建模思路

关键步骤	1.旋转创建手柄	2.扫描混合创建轮辐	3.轮辐阵列	4.拉伸切割安装孔	5.倒圆角
图示					

【操作步骤】

步骤1 新建文件

单击工具栏中的新建文件按钮□,在弹出的【新建】对话框中选择"零件"类型,单击"使用缺省模板"复选框取消选中标志,在【名称】栏输入新建文件名"fangxiangpan"。单击"确定"按钮,打开【新文件选项】对话框。选择"mmns_part_solid"模板,按下"确定"按钮,进入三维零件绘制环境。

步骤2 旋转创建手柄

① 单击⬦按钮,打开旋转特征操控板。

② 单击【放置】面板中的【定义】按钮,打开【草绘】对话框。

③ 选择 FRONT 基准面为草绘平面,参照面及方向为缺省值。单击"草绘"按钮进入草绘状态。

④ 绘制如图 5-40 所示的二维截面。单击草绘完成按钮 ✓,返回旋转特征操控板。

⑤ 单击操控板上的按钮 ✓,完成旋转特征创建,如图 5-41 所示。

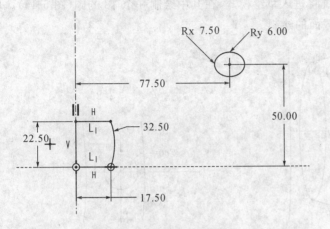

图 5-40 旋转截面及中心轴

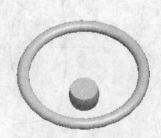

图 5-41 截面旋转结果

步骤 3 扫描混合创建轮辐

(1)创建扫描轨迹

① 单击工具栏中的草绘曲线按钮 ,弹出【草绘】对话框,选择 FRONT 基准面为草绘平面,参照面及方向为缺省值。单击"草绘"按钮进入草绘状态。

② 绘制如图 5-42 所示二维草绘曲线,单击草绘完成按钮 ✓,退出草绘状态,结果如图 5-43 所示。

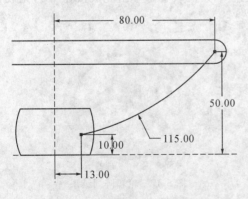

图 5-42 草绘扫描轨迹曲线

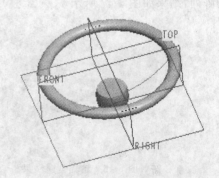

图 5-43 轨迹曲线创建结果

(2)创建轮辐

① 单击菜单【插入】→【扫描混合】命令,弹出扫描混合操作面板,系统默认的创建方式是曲面,点击操作面板上的创建实体按钮 。

② 单击操作面板上的【参照】菜单项,弹出【参照】选项卡,单击激活轨迹收集器,然后在绘图区中选取草绘曲线。

③ 单击操作面板上的【剖面】菜单项,弹出【剖面】选项卡,此时剖面列表中已经有一个需要定义的剖面,截面位置收集器已经激活。在绘图区中单击第一个剖面的放置点。在剖面选项卡中单击"草绘"按钮,系统将进入草绘模式,在其中绘制一个椭圆,如图 5-44 所示。单击草绘完成按钮 ✔,结束第一个截面的绘制。

④ 在【剖面】选项卡中单击"插入"按钮,然后选取草绘曲线另一端点作为位置点,在【剖面】选项卡中单击"草绘"按钮,系统将进入草绘模式,在其中绘制一个 φ8 的圆(图 5-45)。单击草绘完成按钮 ✔,结束第一个截面的绘制。

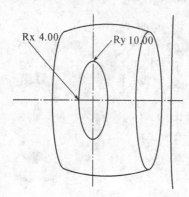

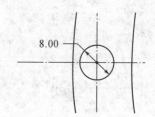

图 5-44　第一个截面的形状　　　　　图 5-45　第二个截面的形状

⑤ 当剖面绘制完成后,系统返回特征操作面板。可在绘图区中观察到模型的预览结果,单击操作面板上的确定按钮 ✔,即可完成特征的创建,如图 5-46 所示。

步骤4　轮辐阵列

① 点选上步创建的扫描混合特征,单击特征阵列按钮 ▦,弹出阵列操作面板。

② 将阵列类型改为"轴",选择拉伸特征的轴心为旋转轴。在输入第一方向的阵列成员数框中输入 3,角度值输入框中输入 120°,其他框中数值缺省。单击完成按钮 ✔,完成孔特征的阵列,结果如图 5-47 所示。

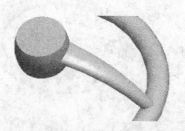

图 5-46　轮辐创建结果　　　　　图 5-47　轮辐阵列结果

步骤5　拉伸切割安装孔

① 单击 ⬚ 按钮,打开拉伸特征操控板。

② 单击拉伸操作面板上的"去除材料"按钮 ◿。

③ 单击【放置】面板中的【定义】按钮,打开【草绘】对话框。

④ 选择中间凸台上表面为草绘平面,参照面按缺省值设置。单击"草绘"按钮,系统进入草绘工作环境。

⑤ 绘制如图 5-48 所示二维截面。单击草绘完成按钮 ✔，返回拉伸特征操控板。

⑥ 在拉伸深度数值输入框中输入 23，单击按钮 ✔，完成拉伸特征的创建，结果如图 5-49所示。

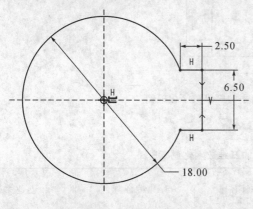

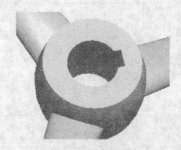

图 5-48　拉伸截面　　　　　　　　　　图 5-49　拉伸切割结果

步骤 6　倒圆角

① 单击圆角特征创建按钮 🔩，打开圆角特征操作面板。

② 点选要倒圆角的边，并在圆角半径输入框中输入 3，单击"确定"按钮 ✔，完成圆角特征的创建。结果如图 5-50 所示。

图 5-50　方向盘最终创建结果

步骤 7　文件保存

单击菜单【文件】→【保存】命令，保存当前模型文件。

【举一反三】

某机电有限公司生产如图 5-51 所示门把手，要求建立其三维数字化模型。

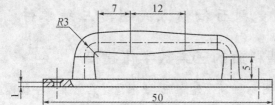

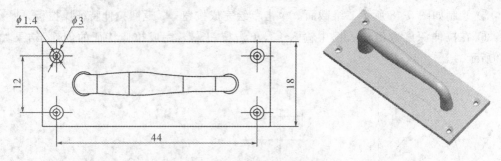

图 5-51　门把手的三维数字化模型

建模提示如表 5-4 所示。

表 5-4　门把手的三维数字化建模思路

关键步骤	1.拉伸创建毛坯	2.旋转切割出孔	3.孔特征阵列	4.创建手把
图示				

扫描轨迹与位置说明如图 5-52、图 5-53 所示。

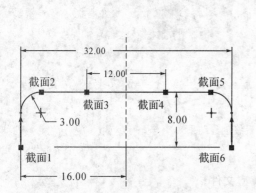

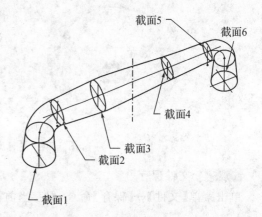

图 5-52　扫描轨迹　　　　　　图 5-53　扫描轨迹与截面的空间位置

其中截面 1、3 为 $\phi5$ 的圆,截面 2、6 为 $\phi4$ 的圆,截面 4 为 $\phi3.5$ 的圆,截面 5 为 $\phi3$ 的圆。

场景 4　以可变剖面扫描方式创建三维零件

【工程案例六】　塑料瓶的三维数字化建模

某日用品厂生产如图 5-54 所示塑料瓶,要求建立其三维数字化模型。

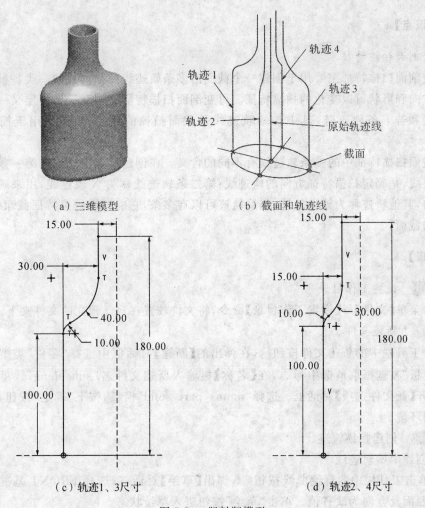

（a）三维模型　　　　　　（b）截面和轨迹线

（c）轨迹1、3尺寸　　　　　（d）轨迹2、4尺寸

图 5-54 塑料瓶模型

【学习目标】

1.学习可变剖面扫描特征的创建方法。

2.掌握可变剖面扫描特征在零件建模过程中的灵活应用。

【塑料瓶模型造型分析】

由于塑料瓶的造型主要是用于学习可变剖面扫描特征的创建,其建模思路如表5-5所示。

表 5-5 塑料瓶的三维数字化建模思路

关键步骤	1.创建草绘曲线	2.创建瓶体	3.倒圆角	4.抽壳
图示				

【相关知识点】

可变剖面扫描特征

可变剖面扫描特征主要用于创建一个截面沿多条轨迹线扫描而成的一类特征。它是一种剖面方向和形状可以变化的扫描特征。可变剖面扫描特征的创建一般要定义一条原始扫描轨迹线和若干条轨迹链，其中扫描轨迹线是截面扫掠的路径，轨迹链用于控制截面的形状。

变截面扫描特征中的多条轨迹线有不同的含义。在创建过程中选取的第一条轨迹称为原始轨迹线，是确定扫描特征方向的轨迹线；第二条轨迹线称为 X 轨迹线，用来确定特征截面的方向，其他轨迹称为辅助轨迹，辅助轨迹可以有多条，它们用来约束特征截面的形状，实现可控的截面。

【操作步骤】

步骤1　设置工作目录

单击菜单【文件】→【设置工作目录】命令，将文件放置在自己建立的文件夹下。

步骤2　新建文件

单击工具栏中的新建文件按钮□，在弹出的【新建】对话框中选择"零件"类型，单击"使用缺省模板"复选框取消选中标志，在【名称】栏输入新建文件名"suliaoping"。单击"确定"按钮，打开【新文件选项】对话框。选择"mmns_part_solid"模板，按下"确定"按钮，进入三维零件绘制环境。

步骤3　创建扫描轨迹

(1)创建原始轨迹线

① 单击工具栏中的草绘曲线按钮▨，弹出【草绘】对话框，选择 FRONT 基准面为草绘平面，参照面及方向为缺省值。单击"草绘"按钮进入草绘状态。

② 绘制如图 5-55 所示二维草绘曲线(为一直线)，单击草绘完成按钮✔，退出草绘状态。

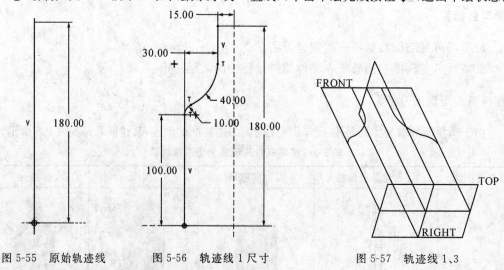

图 5-55　原始轨迹线　　　　图 5-56　轨迹线1尺寸　　　　图 5-57　轨迹线1、3

（2）创建轨迹线 1 与 3

① 单击工具栏中的草绘曲线按钮▒，弹出【草绘】对话框，选择 FRONT 基准面为草绘平面，参照面及方向为缺省值。单击"草绘"按钮进入草绘状态。

② 绘制如图 5-56 所示二维草绘曲线，单击草绘完成按钮✔，退出草绘状态。

③ 在模型树中点击刚刚创建轨迹线，然后单击工具栏上的镜像按钮▒，选择 RIGHT 基准平面为镜像平面后，点击镜像操作面板上的确定按钮✔，完成轨迹线镜像，结果如图 5-57 所示。

（3）创建轨迹线 2 与 4

① 单击工具栏中的草绘曲线按钮▒，弹出【草绘】对话框，选择 RIGHT 基准面为草绘平面，参照面及方向为缺省值。单击"草绘"按钮进入草绘状态。

② 绘制如图 5-58(a)所示二维草绘曲线，单击草绘完成按钮✔，退出草绘状态。

③ 在模型树中点击刚刚创建轨迹线，然后单击工具栏上的镜像按钮▒，选择 FRONT 基准平面为镜像平面后，点击镜像操作面板上的确定按钮✔，完成轨迹线镜像，结果如图 5-58(b)所示。

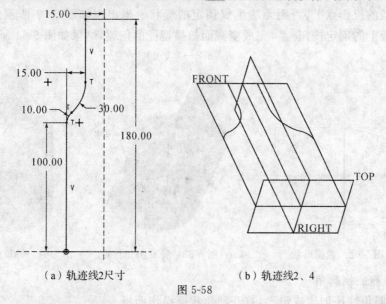

（a）轨迹线2尺寸　　　　　　（b）轨迹线2、4

图 5-58

步骤 4 变截面扫描创建瓶体

① 单击菜单【插入】→【可变剖面扫描】命令，弹出扫描混合操作面板（图 5-59），系统默认的创建方式是曲面，点击操作面板上的创建实体按钮▢。

图 5-59 变截面扫描特征操作面板

② 单击操作面板上的【参照】菜单项，弹出【参照】选项卡（图 5-60），然后在绘图区中依次选取原始轨迹线、轨迹线 1、2、3、4 等五条草绘曲线，选择结果如图 5-61 所示。

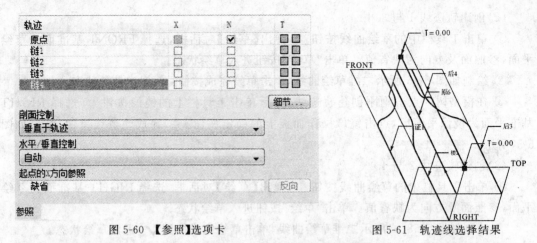

图 5-60 【参照】选项卡   图 5-61 轨迹线选择结果

③ 关闭【参照】选项卡,点选操作面板上的草绘截面按钮 ▱,进入二维截面草绘环境,在其中绘制如图 5-62 所示椭圆。注意这里需要添加"点在直线上的约束" ⊶ 保证椭圆的长短轴位于轨迹线的投影点上,否则无法生成预定的形状。当出现如图 5-63 所示预览形状时,单击操作面板上的确定按钮 ✔,完成变截面扫描特征的创建,结果如图 5-64 所示。

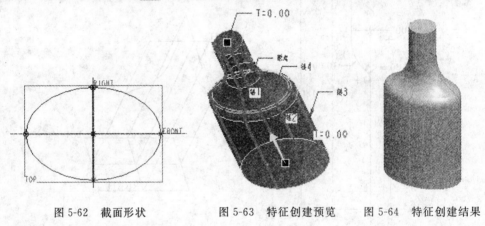

图 5-62 截面形状   图 5-63 特征创建预览   图 5-64 特征创建结果

步骤 5 瓶底倒圆角

① 单击圆角特征创建按钮 ◗,打开圆角特征操作面板。

② 点选要倒圆角的边,并在圆角半径输入框中输入 10,单击"确定"按钮 ✔,完成圆角特征的创建。结果如图 5-65 所示。

图 5-65 瓶底倒圆角结果   图 5-66 抽壳结果

步骤 6　抽壳

点选工具栏上的抽壳工具图标▣,弹出抽壳操作面板。将厚度值改为2。然后点击瓶口上表面,点击操作面板上的确定按钮✔,抽壳即完成,结果如图5-66所示。

步骤 7　隐藏草绘曲线

在特征模型树中按住Ctrl键点选各草绘轨迹线,然后点击鼠标右键,在弹出的快捷菜单中选择"隐藏"项即可,结果如图5-67所示。

步骤 8　瓶口倒圆角

① 单击圆角特征创建按钮🗾,打开圆角特征操作面板。

② 点选要倒圆角的边(瓶口的两条边),并在圆角半径输入框中输入2,单击"确定"按钮✔,完成圆角特征的创建。结果如图5-68所示。

图 5-67　隐藏草绘轨迹线　　　　　图 5-68　瓶口倒圆角结果

步骤 9　文件保存

单击菜单【文件】→【保存】命令,保存当前模型文件。

场景 5　以环形折弯方式创建三维零件

【工程案例七】　汽车轮胎的三维数字化建模

某橡胶厂生产如图5-69所示轮胎,要求建立其三维数字化模型。

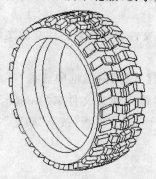 

图 5-69　轮胎模型

【学习目标】

　　1.学习环形折弯特征的创建方法。

　　2.掌握环形折弯特征在零件建模过程中的灵活应用。

【轮胎模型造型分析】

　　轮胎造型主要用于学习环形折弯特征的创建,其建模思路如表5-6所示。

表 5-6　轮胎的三维数字化建模主要步骤

关键步骤	1.拉伸创建基础零件	2.拉伸切割基础零件
图示		
关键步骤	3.阵列切割特征	4.拉伸切割
图示		
关键步骤	5.环形折弯	6.零件镜像
图示		

【相关知识点】

　　环形折弯特征

　　环形折弯特征的用途是系统根据用户所指定的折弯径向剖面,自动将实体、曲面或曲线折弯成环形物。

【操作过程】

　　步骤1　设置工作目录

　　单击菜单【文件】→【设置工作目录】命令,将文件放置在自己建立的文件夹下。

　　步骤2　新建文件

　　单击工具栏中的新建文件按钮，在弹出的【新建】对话框中选择"零件"类型,单击"使用缺省模板"复选框取消选中标志,在【名称】栏输入新建文件名"Luntai"。单击"确定"按钮,打开【新文件选项】对话框。选择"mmns_part_solid"模板,按下"确定"按钮,进入三维零件绘制环境。

　　步骤3　拉伸创建基础零件

　　① 单击 按钮,打开拉伸特征操控板。

　　② 单击【放置】面板中的【定义】按钮,打开【草绘】对话框。

③ 选择 TOP 基准面为草绘平面,参照面按缺省值设置。单击"草绘"按钮,系统进入草绘工作环境。

④ 绘制如图 5-70 所示二维截面。单击草绘完成按钮✔,返回拉伸特征操控板。

⑤ 在数值编辑框中输入 10,单击按钮✔,完成拉伸特征的创建,结果如图 5-71 所示。

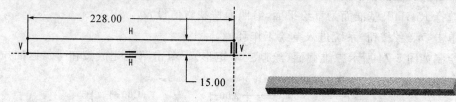

图 5-70　草绘二维截面　　　　　　　图 5-71　截面拉伸结果

步骤 4　拉伸切割基础零件

① 单击 ⬠ 按钮,打开拉伸特征操控板。

② 单击拉伸操作面板上的"去除材料"按钮◢。

③ 单击【放置】面板中的【定义】按钮,打开【草绘】对话框。

④ 选择零件上表面为草绘平面,参照面按缺省值设置。

⑤ 单击"草绘"按钮,系统进入草绘工作环境。

⑥ 绘制如图 5-72(a)所示二维截面。单击草绘完成按钮✔,返回拉伸特征操控板。

⑦ 在拉伸高度数值输入框中输入 3,单击按钮✔,完成拉伸特征的创建,结果如图 5-72(b)所示。

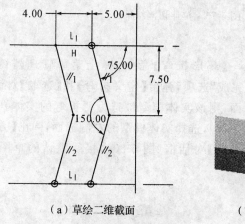

（a）草绘二维截面　　　　　　　（b）拉伸切割结果

图 5-72

步骤 5　特征阵列

① 点选上步创建的拉伸切割特征,单击特征阵列按钮▦,弹出阵列操作面板。

② 接受默认的特征阵列类型"尺寸",点击选择长度方向上的尺寸值"5.00",弹出数值输入框,在其中输入"8"。在输入第一方向的阵列成员数框中输入 28。单击完成按钮✔,完成切割特征的阵列,结果如图 5-73 所示。

图 5-73　拉伸切割特征阵列结果

步骤 6 拉伸切割

① 单击 ⬜ 按钮,打开拉伸特征操控板。

② 单击拉伸操作面板上的"去除材料"按钮 ⬜。

③ 单击【放置】面板中的【定义】按钮,打开【草绘】对话框。

④ 选择 RIGHT 基准面为草绘平面,参照面按缺省值设置。

⑤ 单击"草绘"按钮,系统进入草绘工作环境。

⑥ 绘制如图 5-74 所示二维截面(绘制三个矩形)。单击草绘完成按钮 ✔,返回拉伸特征操控板。

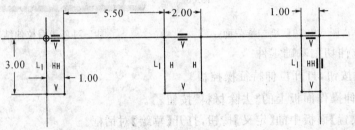

图 5-74 草绘二维截面

⑦ 将拉伸高度类型改为"穿透" ⊒‡,单击按钮 ✔,完成拉伸特征的创建,结果如图 5-75 所示。

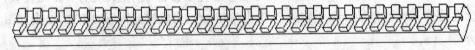

图 5-75 拉伸切割结果

步骤 7 环形折弯

① 单击菜单【插入】→【高级】→【环形折弯】命令,弹出菜单管理器(图 5-76),选择"360"、"曲线折弯收缩"选项,单击"完成"选项,弹出【定义折弯】和【选取】对话框(图 5-77)。根据系统提示点击实体模型的任一面,则该实体模型被选为要折弯的实体。单击"完成"按钮,弹出【设置草绘平面】对话框(图 5-78),选择实体模型的左侧端面,弹出【方向】对话框(图 5-79),点击"正向"选项,弹出【草绘视图】对话框(图 5-80),接受默认的草图方向,单击"缺省",进入草绘模式。

图 5-76

图 5-77

图 5-78

图 5-79

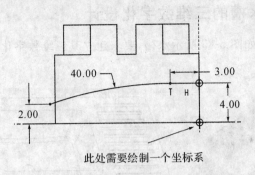

图 5-80 【草绘视图】对话框   图 5-81 草绘截面和坐标系   图 5-82 【特征参考】对话框

② 绘制如图 5-81 所示的截面(截面由一条圆弧和一段与圆弧相切的直线组成)和坐标系。绘制完成后打击草绘工具栏中的 ✔ 按钮,退出草绘模式。此时弹出【特征参考】对话框(图 5-82),系统提示选取两张平行平面定义折弯长度,在工作区选择实体的两个端面,生成如图 5-83 所示特征。

图 5-83 折弯特征创建结果

步骤7 零件镜像

在特征模型树窗口中点击"LUNTAI.PAT"(图 5-84)(a),单击工具栏中的镜像按钮 ⅱ,系统弹出镜像操作面板,并提示选择镜像平面,选择 FRONT 基准面为镜像平面后,单击操作面板上的完成按钮 ✔,完成零件镜像,结果如图 5-84(b)所示。

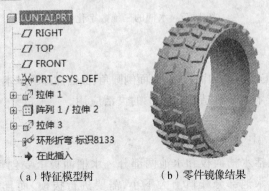

(a)特征模型树   (b)零件镜像结果

图 5-84

步骤8 文件保存

单击菜单【文件】→【保存】命令,保存当前模型文件。

场景6 以曲面建模方式创建三维零件

【工程案例八】 水槽的三维数字化设计

某厨房用具厂生产如图 5-85 所示水槽,要求建立其三维数字化模型。

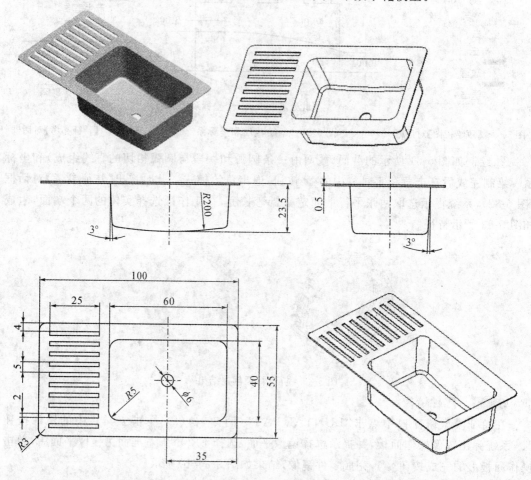

图 5-85 水槽的三维数字化模型

【学习目标】

1. 学习拉伸曲面、填充曲面、曲面拔模、曲面倒圆角、曲面加厚等基本曲面的创建与编辑方法。
2. 掌握曲面建模技术在零件造型过程中的灵活应用。

【造型分析】

水槽的造型主要包括水槽面板和水池两部分。水槽面板上要创建 10 个落水槽,可以采用阵列的方式来完成。水池部分开口上大下小,需要进行拔模,而且需要倒圆角,盆底需要创建出水孔等。由于水槽厚度较薄,宜采用创建曲面的方法来造型。具体造型思路如表 5-7 所示。

表 5-7　水槽的三维数字化建模思路

关键步骤	1.创建拉伸曲面	2.拉伸创建底面	3.侧壁拔模	4.曲面合并
图示				
关键步骤	5.创建上表面	6.曲面合并	7.切槽	8.槽阵列
图示				
关键步骤	9.切孔	10.倒圆角		
图示				

【相关知识点】

在三维造型设计过程中,曲面设计非常重要,主要用于一些具有复杂形状物体的建模,如手机外壳、鼠标外壳以及汽车、飞机、轮船、航天器等外观设计。在 Pro/Engineer 软件中,创建曲面特征的方法与创建实体特征的方法大致相同,但曲面造型比实体造型更加灵活,可操作性更强。

1.基础曲面特征

Pro/Engineer 软件中提供了一些基础曲面的创建,如拉伸曲面、旋转曲面、扫描曲面、混合曲面、螺旋扫描曲面、扫描混合曲面、可变剖面扫描曲面等,这些曲面的创建与其相关的实体造型方法一样。

2.特殊曲面特征

除了提供基础曲面特征外,Pro/Engineer 软件中还提供了一些其他曲面创建方法,如曲面填充、边界混合等。

3.基本的曲面编辑方法

当用户创建了一些基本曲面后,所得到的曲面可能不一定满足用户要求,这时就需要对曲面进行编辑修改,Pro/Engineer 软件提供了多种曲面编辑方法,如曲面偏移、拔模、移动、镜像、复制、修剪、合并、延伸、倒角、倒圆角、阵列、加厚、实体化等。

【操作过程】

步骤1　设置工作目录

单击菜单【文件】→【设置工作目录】命令,将文件放置在自己建立的文件夹下。

步骤2　新建文件

单击工具栏中的新建文件按钮 ,在弹出的【新建】对话框中选择"零件"类型,单击"使用缺省模板"复选框取消选中标志,在【名称】栏输入新建文件名"Xicaipen"。单击"确定"按钮,打开【新文件选项】对话框。选择"mmns_part_solid"模板,按下"确定"按钮,进入三维零件绘制环境。

步骤3 拉伸曲面创建水池壁

① 单击⬜按钮,打开拉伸特征操控板。系统默认的创建方式是实体,点击操作面板上的创建曲面按钮⬜。

② 单击【放置】面板中的【定义】按钮,打开【草绘】对话框。

③ 选择 TOP 基准面为草绘平面,参照面按缺省值设置。单击"草绘"按钮,系统进入草绘工作环境。

④ 绘制如图 5-86 所示二维截面。单击草绘完成按钮✔,返回拉伸特征操控板。

⑤ 在拉伸深度数值输入框中输入 30,单击拉伸方向切换按钮✕,改变曲面拉伸的方向,使其朝下,然后单击按钮✔,完成拉伸特征的创建,结果如图 5-87 所示。

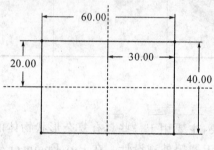

图 5-86 草绘二维截面

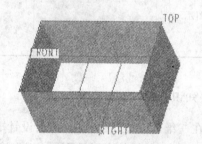

图 5-87 截面拉伸结果

步骤4 拉伸曲面创建水池底

① 单击⬜按钮,打开拉伸特征操控板。系统默认的创建方式是实体,点击操作面板上的创建曲面按钮⬜。

② 单击【放置】面板中的【定义】按钮,打开【草绘】对话框。

③ 选择 FRONT 基准面为草绘平面,参照面按缺省值设置。单击"草绘"按钮,系统进入草绘工作环境。

④ 绘制如图 5-88 所示二维截面。单击草绘完成按钮✔,返回拉伸特征操控板。

⑤ 在拉伸深度数值输入框中输入 50,将拉伸方式改为对称拉伸⊟,然后单击按钮✔,完成拉伸特征的创建,结果如图 5-89 所示。

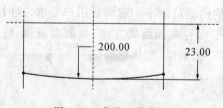

图 5-88 草绘二维截面

图 5-89 截面拉伸结果

步骤5 水池壁拔模

① 单击⬝按钮,打开拔模特征操控板。

② 按住 Ctrl 键,选取欲拔模的四周四个面。

③ 单击操控板上的选择"拔模枢轴"图标  ·单击此处添加项目，选取 TOP 基准平面为拔模枢轴。

④ 在拔模角度输入框中输入 3。单击按钮 ✔，完成拔模特征的创建，结果如图 5-90 所示。

图 5-90　水池壁拔模结果　　图 5-91　曲面选择　　图 5-92　曲面合并方向选择

步骤 6　曲面合并创建水池

① 按住 Ctrl 键，选取欲合并的水池壁面和底面（注意：选中状态为图 5-91 所示，两个面均改变颜色）。

② 单击菜单【编辑】→【合并】命令，弹出【合并】操作面板，接受如图 5-92 所示的曲面合并方向，单击按钮 ✔，完成曲面的合并，结果如图 5-93 所示。

图 5-93　曲面合并结果　　　　　图 5-94　【填充】操作面板

步骤 7　曲面填充创建水槽面板

① 单击菜单【编辑】→【填充】命令，弹出【填充】操作面板（图 5-94）。

② 单击【参照】面板中的【定义】按钮，打开【草绘】对话框。

③ 选择 TOP 基准面为草绘平面，参照面按缺省值设置。单击"草绘"按钮，系统进入草绘工作环境。

④ 绘制如图 5-95 所示二维截面。单击草绘完成按钮 ✔，返回拉伸特征操控板。

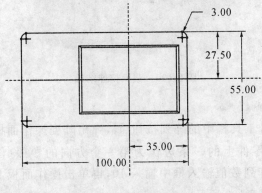

图 5-95　草绘二维截面

图 5-96　填充曲面创建结果

⑤ 单击按钮 ✓ ，完成曲面填充特征的创建，结果如图 5-96 所示。

步骤 8 水槽面板与水池部分曲面合并

① 按住 Ctrl 键，选取欲合并的填充曲面和水池合并面。

② 单击菜单【编辑】→【合并】命令，弹出【合并】操作面板，单击操作面板上的曲面合并方向按钮 ⅹ ，使曲面合并方向如图 5-97 所示，然后单击按钮 ✓ ，完成曲面的合并，结果如图 5-98 所示。

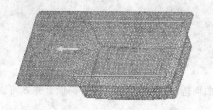

图 5-97 曲面合并方向选择

图 5-98 曲面合并结果

步骤 9 拉伸切割水槽面板

① 单击 按钮，打开拉伸特征操控板。系统默认的创建方式是实体，点击操作面板上的创建曲面按钮 。

② 单击【放置】面板中的【定义】按钮，打开【草绘】对话框。

③ 选择 TOP 基准面为草绘平面，参照面按缺省值设置。单击"草绘"按钮，系统进入草绘工作环境。

④ 绘制如图 5-99 所示二维截面。单击草绘完成按钮 ✓ ，返回拉伸特征操控板。

⑤ 点击操作面板上的创建曲面按钮 ，将拉伸类型改为曲面；点击拉伸切割按钮 ，再将拉伸方式改为对称拉伸 ，接着点击"面组"后面的"选取一个项目" 面组 ▪ 选取 1 个项目 ，再在绘图区点选合并后的曲面，最后单击按钮 ✓ ，完成拉伸切割特征的创建，结果如图 5-100 所示。

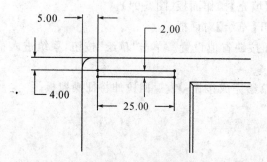

图 5-99 草绘二维截面

图 5-100 截面拉伸结果

步骤 10 拉伸切割特征阵列

点击选中刚刚创建的拉伸切割，然后单击工具栏中的阵列按钮 ，弹出阵列操作面板（图 5-101）。将阵列类型改为"方向"，单击零件上的一条边作为第一个方向的参照（图 5-102），然后双击尺寸数值，将其改为 5。在阵列数值输入框中输入 10，再单击操作面板上的确定按钮 ✓ ，结束槽特征的阵列，结果如图 5-103 所示。

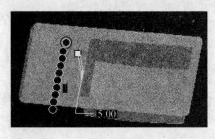
图 5-102　方向阵列参照

图 5-103　槽阵列结果

图 5-101　方向阵列操作面板

步骤11　拉伸切割创建水池孔

① 单击□按钮，打开拉伸特征操控板。系统默认的创建方式是实体，点击操作面板上的创建曲面按钮□。

② 单击【放置】面板中的【定义】按钮，打开【草绘】对话框。

③ 选择 TOP 基准面为草绘平面，参照面按缺省值设置。单击"草绘"按钮，系统进入草绘工作环境。

④ 绘制如图 5-104 所示二维截面。单击草绘完成按钮✓，返回拉伸特征操控板。

⑤ 点击操作面板上的创建曲面按钮□，将拉伸类型改为曲面；点击拉伸切割按钮☑，再将拉伸方式改为对称拉伸╫，接着点击"面组"后面的"选取一个项目"面组 ·选取 1 个项目，再在绘图区点选合并后的曲面，最后单击按钮✓，完成拉伸切割特征的创建，结果如图 5-105所示。

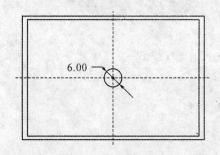
图 5-104　草绘二维截面

图 5-105　截面拉伸结果

步骤12　水池部分倒圆角

① 单击圆角特征创建按钮✎，打开圆角特征操作面板。

② 点选要倒圆角的水池壁四个角处的边线，并在圆角半径输入框中输入 5，单击"确定"按钮✓，完成侧壁圆角特征的创建。结果如图 5-106 所示。

③ 单击圆角特征创建按钮✎，打开圆角特征操作面板。

④ 点选要倒圆角的水池底部四条边，并在圆角半径输入框中输入 2，单击"确定"按钮✓，完成底部圆角特征的创建。结果如图 5-107 所示。

图 5-106 侧壁圆角特征创建

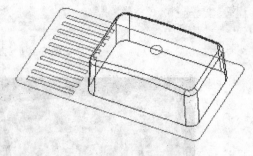

图 5-107 底部圆角特征创建

步骤 13 曲面加厚

① 点击选取整个水池曲面。

② 单击菜单【编辑】→【加厚】命令,弹出【加厚】操作面板(图 5-108)。在厚度输入框中输入 0.5,单击加厚方向按钮 ╳ 可改变厚度方向,然后单击按钮 ✔,完成曲面的加厚,使曲面变为实体,结果如图 5-109 所示。

图 5-108 【曲面加厚】操作面板

图 5-109 曲面加厚结果

步骤 14 文件保存

单击菜单【文件】→【保存】命令,保存当前模型文件。

【学习基础案例】 边界混合曲面创建

试创建如图 5-110 所示三维数字化模型。

【学习目标】

1.学习边界混合曲面特征的创建方法。

2.学习曲面拔模偏移的曲面编辑方法。

【造型分析】

该零件造型较为复杂,由于上表面为不规则曲面,而且中间有倾斜的凹槽,难以用以前

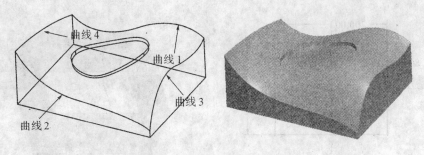

图 5-110   边界混合曲面创建实例

讲的各种方法来创建,因此需要引入新的零件造型方法:边界混合曲面、曲面拔模偏移、曲面实体化等。

【相关知识点】

1. 边界混合曲面

边界混合曲面是由边界曲线混合而成的曲面特征,用户可在一个方向或两个方向上指定边界曲线,还可指定控制曲线来调节曲面的形状。

2. 曲面偏移

曲面的偏移是指对用户选定的曲面按曲面的法线方向进行偏置。

3. 曲面实体化

曲面实体化是指将曲面特征转化为实体特征的一种方式。

【操作过程】

步骤 1   设置工作目录

单击菜单【文件】→【设置工作目录】命令,将文件放置在自己建立的文件夹下。

步骤 2   新建文件

单击工具栏中的新建文件按钮□,在弹出的【新建】对话框中选择"零件"类型,单击"使用缺省模板"复选框取消选中标志,在【名称】栏输入新建文件名"surface-UV"。单击"确定"按钮,打开【新文件选项】对话框。选择"mmns_part_solid"模板,按下"确定"按钮,进入三维零件绘制环境。

步骤 3   拉伸创建基础曲面

① 单击 按钮,打开拉伸特征操控板。系统默认的创建方式是实体,点击操作面板上的创建曲面按钮 。

② 单击【放置】面板中的【定义】按钮,打开【草绘】对话框。

③ 选择 TOP 基准面为草绘平面,参照面按缺省值设置。单击"草绘"按钮,系统进入草绘工作环境。

④ 绘制如图 5-111 所示二维截面。单击草绘完成按钮 ✔,返回拉伸特征操控板。

⑤ 在拉伸深度数值输入框中输入 100,然后单击按钮 ✔,完成拉伸特征的创建,结果如图 5-112 所示。

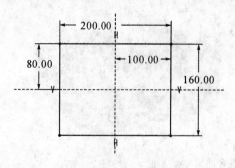

图 5-111　草绘二维截面

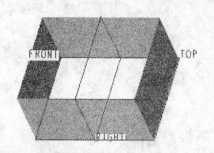

图 5-112　截面拉伸结果

步骤 4　创建基准曲线

（1）创建曲线 1

① 单击工具栏中的草绘曲线按钮▨▨，弹出【草绘】对话框，选择拉伸曲面的前表面为草绘平面，参照面及方向为缺省值。单击"草绘"按钮进入草绘状态。

② 绘制如图 5-113 所示二维草绘曲线，单击草绘完成按钮✔，退出草绘状态。

（2）创建曲线 2

① 单击工具栏中的草绘曲线按钮▨▨，弹出【草绘】对话框，选择拉伸曲面的后表面为草绘平面，参照面及方向为缺省值。单击"草绘"按钮进入草绘状态。

② 绘制如图 5-114 所示二维草绘曲线，单击草绘完成按钮✔，退出草绘状态。

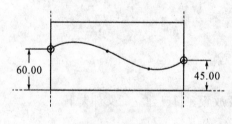

图 5-113　曲线 1

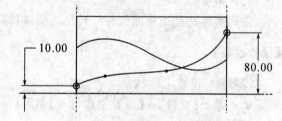

图 5-114　曲线 2

（3）创建曲线 3

① 单击工具栏中的草绘曲线按钮▨▨，弹出【草绘】对话框，选择拉伸曲面的右表面为草绘平面，参照面及方向为缺省值。单击"草绘"按钮进入草绘状态。

② 绘制如图 5-115 所示二维草绘曲线，（注意添加共点约束，使圆弧两端点与曲线 1、2 共点）。单击草绘完成按钮✔，退出草绘状态。

（4）创建曲线 4

① 单击工具栏中的草绘曲线按钮▨▨，弹出【草绘】对话框，选择拉伸曲面的左表面为草绘平面，参照面及方向为缺省值。单击"草绘"按钮进入草绘状态。

② 绘制如图 5-116 所示二维草绘曲线，（注意添加共点约束，使圆弧两端点与曲线 1、2 共点）。单击草绘完成按钮✔，退出草绘状态。

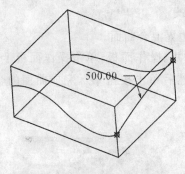

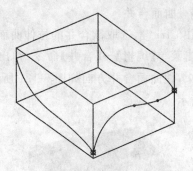

图 5-115　曲线 1　　　　　　　　　　图 5-116　曲线 2

步骤 5　利用四条基准曲线创建边界混合曲面

① 单击工具栏中的创建边界混合曲面按钮 ，弹出【边界混合】操作面板，如图 5-117 所示。

| 曲线 | 约束 | 控制点 | 选项 | 属性 |

选取项目　　　　　　　　单击此处添加项目

选取两条或多条曲线或边链定义曲面第一方向。点或顶点可用来代替第一条或最后一条链。

图 5-117　【边界混合】操作面板

② 点击操作面板上 后的"选取项目"，然后按住 Ctrl 键，依次选择第一方向（即 U 向）的两条曲线 1、2，结果如图 5-118 所示。再点击操作面板上 后的"选取项目"，然后按住 Ctrl 键，依次选择第二方向（即 V 向）的两条曲线 3、4，如图 5-119 所示。单击完成按钮 ，结束曲面创建，结果如图 5-120 所示。

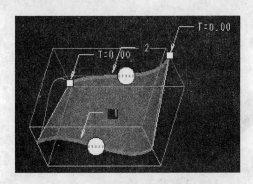

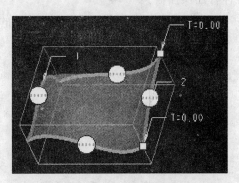

图 5-118　U 向曲线选择　　　　　　　　图 5-119　V 向曲线选择

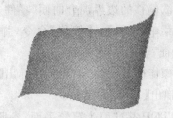

图 5-120　边界混合曲面创建结果

步骤6 曲面合并

① 按住 Ctrl 键，选取欲合并的拉伸曲面和边界混合曲面。

② 单击菜单【编辑】→【合并】命令，弹出【合并】操作面板，单击操作面板上的曲面合并方向按钮 ⚡，使曲面合并方向如图 5-121 所示，然后单击按钮 ✔，完成曲面的合并，结果如图 5-122 所示。

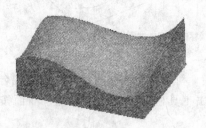

图 5-121　曲面合并方向选择　　　　图 5-122　曲面合并结果

步骤7 曲面填充创建底面

① 单击菜单【编辑】→【填充】命令，弹出【填充】操作面板。

② 单击【参照】面板中的【定义】按钮，打开【草绘】对话框。

③ 选择 TOP 基准面为草绘平面，参照面按缺省值设置。单击"草绘"按钮，系统进入草绘工作环境。

④ 绘制如图 5-123 所示二维截面，注意采用"使用边"方式来创建直线（方法：单击菜单【草绘】→【边】→【使用】命令，然后单击拉伸曲面的边界即可）。单击草绘完成按钮 ✔，返回拉伸特征操控板。

⑤ 单击按钮 ✔，完成曲面填充特征的创建，结果如图 5-124 所示。

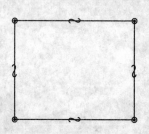

图 5-123　草绘二维截面　　　　　图 5-124　填充曲面创建结果

步骤8 曲面偏移拔模

① 选取欲偏移的边界混合曲面（零件上表面，即凹凸不平的曲面）。

② 单击菜单【编辑】→【偏移】命令，弹出【偏移】操作面板（图 5-125），将偏移类型改为"具有拔模特征" 。

③ 单击操作面板上的"参照"项，弹出【参照】对话框（图 5-126），点击"草绘"右边的定义按钮 定义... ，弹出【草绘】对话框。

④ 选择 TOP 基准面为草绘平面，参照面按缺省值设置。单击"草绘"按钮，系统进入草绘工作环境。

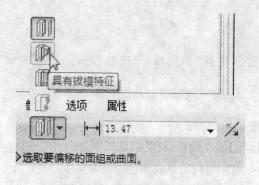

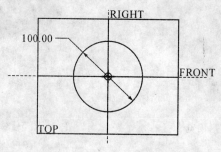

图 5-125　【偏移】操作面板　　　　　　　　　图 5-126　【参照】对话框

⑤ 绘制如图 5-127 所示二维截面。单击草绘完成按钮 ✔，返回曲面偏移特征操作面板。

RIGHT

100.00

FRONT

TOP

图 5-127　草绘二维截面

⑥ 在偏移距离输入框中输入"5"，拔模角度输入框中输入"10"，如图 5-128。单击偏移方向按钮 ✗ 可改变偏移方向，预览结果如图 5-129 所示。单击按钮 ✔，完成曲面偏移，结果如图 5-130 所示。

图 5-128　【偏移拔模】操作面板

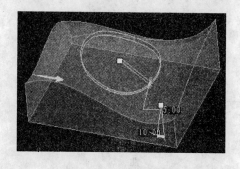

图 5-129　偏移结果预览　　　　　　　　　图 5-130　偏移结果

步骤 9　曲面合并

① 按住 Ctrl 键，选取欲合并的边界混合曲面和填充曲面。

② 单击菜单【编辑】→【合并】命令，弹出【合并】操作面板，单击按钮 ✔，完成曲面的合并。

步骤 10　曲面实体化

① 选取合并后的曲面。

② 单击菜单【编辑】→【实体化】命令,弹出【实体化】操作面板,单击按钮 ✔,完成曲面实体化。

步骤 11　零件切割

① 在零件上选取 FRONT 基准平面为切割平面。

② 单击菜单【编辑】→【实体化】命令,弹出【实体化】操作面板,接受默认切割方向(图5-131),单击按钮 ✔,完成零件的切割,结果如图 5-132 所示,从中可以看出曲面已经变为实体。

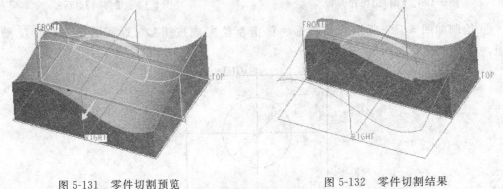

图 5-131　零件切割预览　　　　　　　　　　图 5-132　零件切割结果

【工程案例九】　吹风机的三维数字化设计

某电器厂生产如图 5-133 所示吹风机,要求建立其外壳的三维数字化模型。

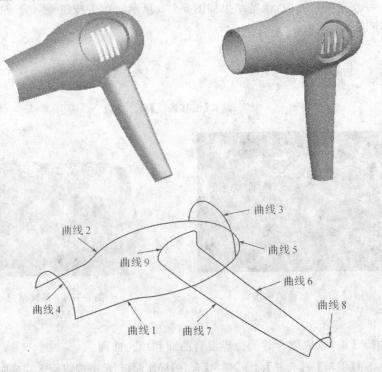

图 5-133　吹风机三维数字化模型

【学习目标】

学习曲面建模技术在零件建模过程中的灵活应用。

【造型分析】

吹风机的造型综合利用了多项曲面造型技术和实体建模技术,如边界混合、曲面偏移、曲面合并、曲面填充、曲面倒圆角、拉伸、阵列、镜像等,其建模思路如表5-8所示。

表5-8 吹风机的三维数字化建模思路

关键步骤	1.创建基准曲线	2.创建机身曲面	3.创建尾部曲面	4.创建手柄曲面
图示			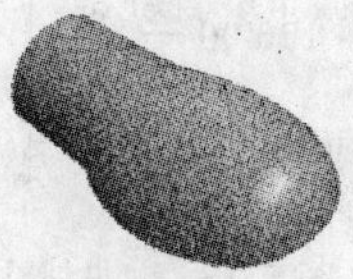	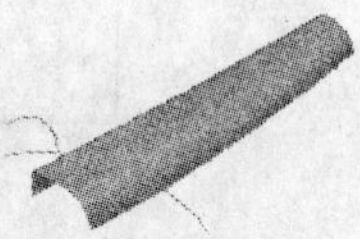
关键步骤	5.曲面合并	6.曲面填充	7.倒圆角	8.曲面拔模偏移
图示	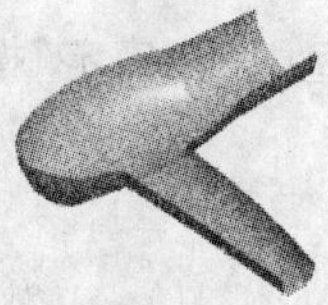			
关键步骤	9.切通风口	10.通风口阵列	11.曲面加厚	12.零件镜像
图示		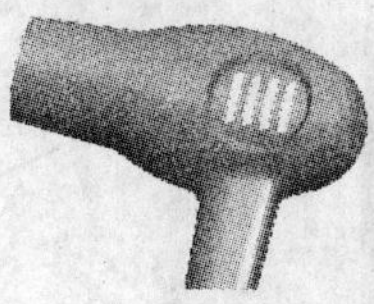		

【操作过程】

步骤1 设置工作目录

单击菜单【文件】→【设置工作目录】命令,将文件放置在自己建立的文件夹下。

步骤2 新建文件

单击工具栏中的新建文件按钮,在弹出的【新建】对话框中选择"零件"类型,单击"使用缺省模板"复选框取消选中标志,在【名称】栏输入新建文件名"chuifengji"。单击"确定"按钮,打开【新文件选项】对话框。选择"mmns_part_solid"模板,按下"确定"按钮,进入三维零件绘制环境。

步骤3 创建基准曲线

(1)创建曲线1

① 单击工具栏中的草绘曲线按钮,弹出【草绘】对话框,选择 TOP 基准平面为草绘平

面,参照面及方向为缺省值。单击"草绘"按钮进入草绘状态。

② 绘制如图 5-134 所示二维草绘曲线,单击草绘完成按钮 ✔,退出草绘状态。

（2）创建曲线 2

在模型树中点击刚刚创建曲线 1,然后单击工具栏上的镜像按钮 ,选择 RIGHT 基准平面为镜像平面后,点击镜像操作面板上的确定按钮 ✔,完成曲线 1 镜像,结果如图 5-135 所示。

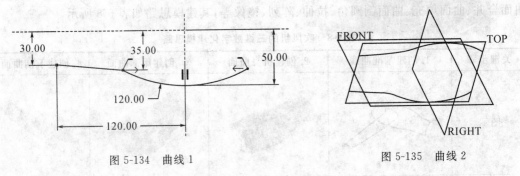

图 5-134 曲线 1　　　　　图 5-135 曲线 2

（3）创建曲线 3

① 单击创建基准平面按钮 ,弹出【基准平面】对话框。点选 RIGHT 基准平面作为参照。按住 Ctrl 键点选曲线 2 的右端点,点击【基准平面】对话框中的"确定"按钮,创建如图 5-136 所示基准平面 DTM1。

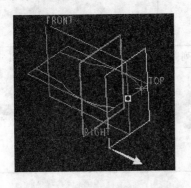

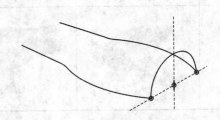

图 5-136 辅助平面 DTM1 创建　　　图 5-137 曲线 3

② 单击工具栏中的草绘曲线按钮 ,弹出【草绘】对话框,选择 DTM1 基准平面为草绘平面,参照面及方向为缺省值。单击"草绘"按钮进入草绘状态。

③ 绘制如图 5-137 所示二维草绘曲线,注意添加共点约束使半圆的两个端点与曲线 1、2 右端点共点。单击草绘完成按钮 ✔,结束草绘状态。

（4）创建曲线 4

① 单击创建基准平面按钮 ,弹出【基准平面】对话框。点选 RIGHT 基准平面作为参照。按住 Ctrl 键点选曲线 2 的左端点,点击【基准平面】对话框中的"确定"按钮,创建如图 5-138 所示基准平面 DTM2。

② 单击工具栏中的草绘曲线按钮 ,弹出【草绘】对话框,选择 DTM2 基准平面为草绘平面,参照面及方向为缺省值。单击"草绘"按钮进入草绘状态。

③ 绘制如图 5-139 所示二维草绘曲线,注意添加共点约束使半圆的两个端点与曲线 1、

2 左端点共点。单击草绘完成按钮✔,结束草绘状态。

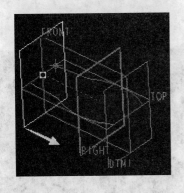

图 5-138　辅助平面 DTM2 创建

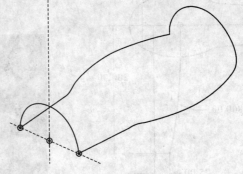

图 5-139　曲线 4

（5）创建曲线 5

① 单击工具栏中的草绘曲线按钮▨,弹出【草绘】对话框,选择 TOP 基准平面为草绘平面,参照面及方向为缺省值。单击"草绘"按钮进入草绘状态。

② 绘制如图 5-140 所示二维草绘曲线。注意添加共点约束和相切约束。单击草绘完成按钮✔,退出草绘状态。

（6）创建曲线 6

① 单击工具栏中的草绘曲线按钮▨,弹出【草绘】对话框,选择 TOP 基准平面为草绘平面,参照面及方向为缺省值。单击"草绘"按钮进入草绘状态。

② 绘制如图 5-141 所示二维草绘曲线。单击草绘完成按钮✔,退出草绘状态。

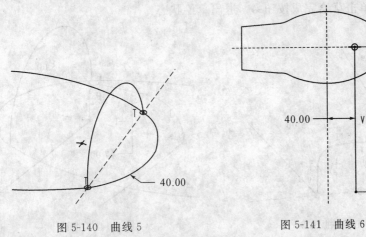

图 5-140　曲线 5

图 5-141　曲线 6

（7）创建曲线 7

① 单击工具栏中的草绘曲线按钮▨,弹出【草绘】对话框,选择 TOP 基准平面为草绘平面,参照面及方向为缺省值。单击"草绘"按钮进入草绘状态。

② 绘制如图 5-142 所示二维草绘曲线。单击草绘完成按钮✔,退出草绘状态。

（8）创建曲线 8

① 单击创建基准平面按钮▱,弹出【基准平面】对话框。点选 FRONT 基准平面作为参照。按住 Ctrl 键点选曲线 6 的前端点,点击【基准平面】对话框中的"确定"按钮,创建如图

5-143 所示基准平面 DTM3。

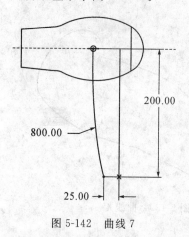

图 5-142　曲线 7

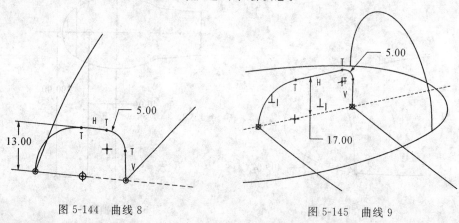

图 5-143　辅助平面 DTM3 创建

② 单击工具栏中的草绘曲线按钮▨▨，弹出【草绘】对话框，选择 DTM1 基准平面为草绘平面，参照面及方向为缺省值。单击"草绘"按钮进入草绘状态。

③ 绘制如图 5-144 所示二维草绘曲线，注意添加共点约束使曲线的两个端点与曲线 6、7 前端点共点。单击草绘完成按钮✔，结束草绘状态。

（9）创建曲线 9

① 单击工具栏中的草绘曲线按钮▨▨，弹出【草绘】对话框，选择 FRONT 基准平面为草绘平面，参照面及方向为缺省值。单击"草绘"按钮进入草绘状态。

② 绘制如图 5-145 所示二维草绘曲线。注意添加共点约束使曲线的两个端点与曲线 6、7 后端点共点。单击草绘完成按钮✔，退出草绘状态。

图 5-144　曲线 8

图 5-145　曲线 9

步骤 4　创建机身部分的边界混合曲面

① 单击工具栏中的创建边界混合曲面按钮〰，弹出【边界混合】操作面板。

② 点击操作面板上〰后的"选取项目"，然后按住 Ctrl 键，依次选择第一方向（即 U 向）的两条曲线 1、2，结果如图 5-146(a)所示。再点击操作面板上〰后的"选取项目"，然后按住 Ctrl 键，依次选择第二方向（即 V 向）的两条曲线 3、4，如图 5-146(b)所示。单击完成按钮✔，结束曲面创建，结果如图 5-147 所示。

步骤 5　创建机尾部分的边界混合曲面

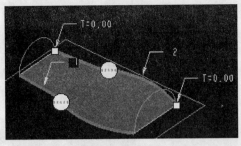
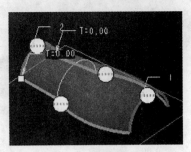

（a）U 向曲线选择　　　　　　　　　（b）V 向曲线选择

图 5-146

图 5-147　边界混合曲面创建结果

① 单击工具栏中的创建边界混合曲面按钮 ⌀，弹出【边界混合】操作面板。

② 点击操作面板上 ⌀ 后的"选取项目"，然后按住 Ctrl 键，依次选择第一方向（即 U 向）的两条曲线 3、5（图 5-148，注意选择顺序，先选 1 指示的链，再选 2 指示的链），然后点击操作面板上的"约束"项，弹出约束对话框（图 5-149），点击"条件"下的第一条链的"自由"项，将其改为"垂直"，使创建的曲面在边界处互相垂直；再点击"条件"下的第二条链的"自由"项，将其改为"相切"，使创建的曲面在边界处相切，然后点击"曲面"下的"缺省 TOP：F2（基准平面）"，再点击机身曲面，将相切曲面改变为机身曲面（图 5-150）。单击完成按钮 ✔，结束曲面创建，结果如图 5-151 所示。

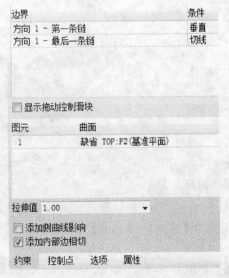

边界	条件
方向 1 - 第一条链	垂直
方向 1 - 最后一条链	切线

☐ 显示拖动控制滑块

图元	曲面
1	缺省 TOP:F2（基准平面）

拉伸值 1.00 ▼

☐ 添加侧曲线影响
☑ 添加内部边相切

约束　控制点　选项　属性

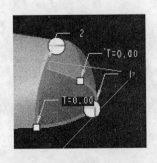

图 5-148　曲线选择　　　　　图 5-149　【约束项】对话框

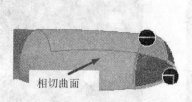

图 5-150　相切曲面选择　　　　　图 5-151　尾部曲面创建结果

步骤 6　创建机柄部分的边界混合曲面

① 单击工具栏中的创建边界混合曲面按钮 ⚯，弹出【边界混合】操作面板。

② 点击操作面板上 ⌢ 后的"选取项目"，然后按住 Ctrl 键，依次选择第一方向（即 U 向）的两条曲线 6、7，结果如图 5-152 所示。再点击操作面板上 ⌢ 后的"选取项目"，然后按住 Ctrl 键，依次选择第二方向（即 V 向）的两条曲线 8、9，如图 5-153 所示。单击完成按钮 ✔，结束曲面创建，结果如图 5-154 所示。

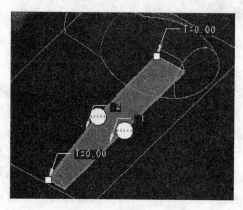

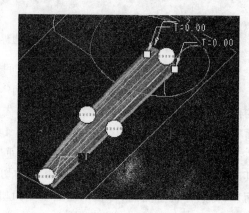

图 5-152　U 向曲线选择　　　　　　图 5-153　V 向曲线选择

图 5-154　边界混合曲面创建结果

步骤 7　曲面合并 1

① 按住 Ctrl 键，选取欲合并的机身曲面和机尾曲面。

② 单击菜单【编辑】→【合并】命令，弹出【合并】操作面板，单击按钮 ✔，完成曲面的合并。

步骤 8　曲面合并 2

① 按住 Ctrl 键，选取欲合并的机身曲面和机柄曲面。

② 单击菜单【编辑】→【合并】命令,弹出【合并】操作面板,单击操作面板上的曲面合并方向按钮✗,使曲面合并方向如图 5-155 所示,然后单击按钮✓,完成曲面的合并,结果如图 5-156 所示。

图 5-155　曲面合并方向选择　　　　　图 5-156　曲面合并结果

步骤 9 曲面填充创建底面

① 单击菜单【编辑】→【填充】命令,弹出【填充】操作面板。

② 单击【参照】面板中的【定义】按钮,打开【草绘】对话框。

③ 选择 DTM3 辅助面为草绘平面,参照面按缺省值设置。单击"草绘"按钮,系统进入草绘工作环境。

④ 绘制如图 5-157 所示二维截面,注意采用使用边方式来创建直线(方法:单击菜单【草绘】→【边】→【使用】命令,然后单击拉伸曲面的边界即可)。单击草绘完成按钮✓,返回拉伸特征操控板。

⑤ 单击按钮✓,完成曲面填充特征的创建,结果如图 5-158 所示。

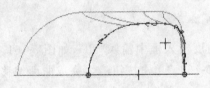 

图 5-157　草绘二维截面　　　　　图 5-158　填充曲面创建结果

步骤 10 曲面合并 1

① 按住 Ctrl 键,选取欲合并的机尾曲面和填充曲面。

② 单击菜单【编辑】→【合并】命令,弹出【合并】操作面板,单击按钮✓,完成曲面的合并。

步骤 11 机身与机柄过渡部分倒圆角

① 单击圆角特征创建按钮 ,打开圆角特征操作面板。

② 点选要倒圆角的机身与机柄部分的相交线,并在圆角半径输入框中输入 5,单击"确定"按钮✓,完成侧壁圆角特征的创建。结果如图 5-159 所示。

步骤 12 曲面偏移拔模

① 选取欲偏移的机身混合曲面。

② 单击菜单【编辑】→【偏移】命令,弹出【偏移】操作面板,将偏移类型改为"具有拔模特征" 。

③ 单击操作面板上的"参照"项,弹出【参照】对话框,点击"草绘"右边的定义按钮

图 5-159　过渡部分倒圆角

定义...,弹出【草绘】对话框。

④ 选择 TOP 基准面为草绘平面,参照面按缺省值设置。单击"草绘"按钮,系统进入草绘工作环境。

⑤ 绘制如图 5-160 所示二维截面。单击草绘完成按钮 ✔,返回曲面偏移特征操作面板。

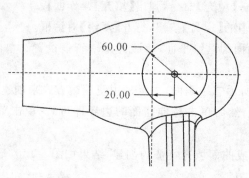

图 5-160　草绘二维截面

⑥ 在偏移距离输入框中输入"5",拔模角度输入框中输入"30",如图 5-161。单击偏移方向按钮 ✕ 可改变偏移方向,预览结果如图 5-162。单击按钮 ✔,完成曲面偏移,结果如图 5-163 所示。

图 5-161　【偏移拔模】操作面板

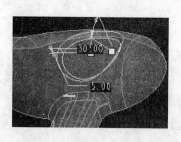

图 5-162　偏移结果预览

图 5-163　偏移结果

步骤 13　拉伸切割通风口

① 单击 ⬚ 按钮,打开拉伸特征操控板。系统默认的创建方式是实体,点击操作面板上

的创建曲面按钮□。

②　单击【放置】面板中的【定义】按钮，打开【草绘】对话框。

③　选择 TOP 基准面为草绘平面，参照面按缺省值设置。单击"草绘"按钮，系统进入草绘工作环境。

④　绘制如图 5-164 所示二维截面。单击草绘完成按钮✔，返回拉伸特征操控板。

⑤　点击操作面板上的创建曲面按钮□，将拉伸类型改为曲面；点击拉伸切割按钮☑，再将拉伸方式改为对称拉伸➡，接着点击"面组"后面的"选取一个项目" 面组 ▪ 选取 1 个项目 ，再在绘图区点选机身曲面，最后单击按钮✔，完成拉伸切割特征的创建，结果如图 5-165 所示。如果特征创建失败，可以通过改变特征拉伸的方向来解决。

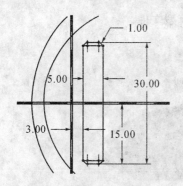

图 5-164　草绘二维截面

图 5-165　截面拉伸切剪结果

步骤 14　拉伸切割特征阵列

点击选中刚刚创建的拉伸切割，然后单击工具栏中的阵列按钮▦，弹出阵列操作面板。将阵列类型改为"方向"，单击零件上的一条边作为第一个方向的参照（图 5-166），然后双击尺寸数值，将其改为 10。在阵列数值输入框中输入 4，再单击操作面板上的确定按钮✔，结束槽特征的阵列，结果如图 5-167 所示。

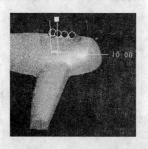

图 5-166　方向阵列参照

图 5-167　槽阵列结果

步骤 15　曲面加厚

点击机身曲面，单击菜单【编辑】→【加厚】命令，弹出【加厚】操作面板，在厚度输入框中输入"2"，点击镜像操作面板上的确定按钮✔，完成曲面加厚，结果如图 5-168 所示。

步骤 16　零件镜像

在模型树中点击零件文件名，然后单击工具栏上的镜像按钮▷◁，选择 TOP 基准平面为镜像平面后，点击镜像操作面板上的确定按钮✔，完成零件镜像，结果如图 5-169 所示。

图 5-168　曲面加厚变为实体零件　　　　图 5-169　零件镜像结果

步骤 8　文件保存

单击菜单【文件】→【保存】命令,保存当前模型文件。

【趣味建模】——雨伞的三维数字化建模

试建立图 5-170 所示雨伞的三维数字化模型。

图 5-170　雨伞的三维模型

表 5-9　雨伞的三维数字化建模过程

关键步骤	1.创建扫描轨迹线制作伞面骨架
图示	
关键步骤	2.通过可变截面扫描方式创建伞面
图示	

续　表

关键步骤	3.通过扫描方式创建伞柄(截面为 φ2 的圆)
图示	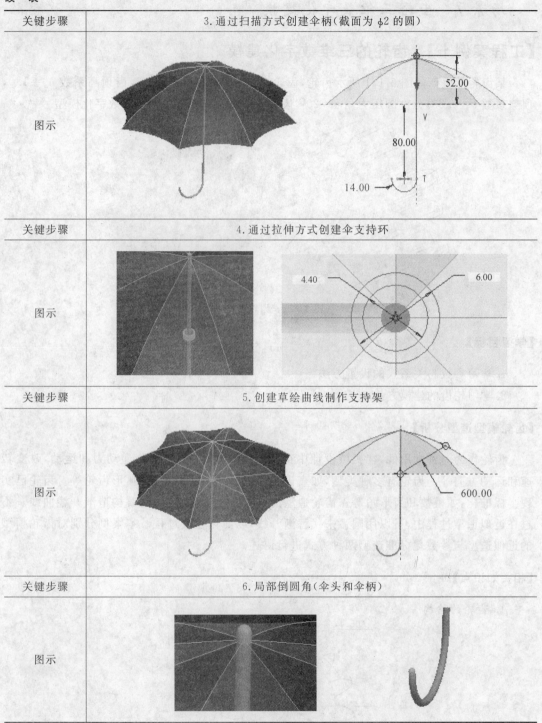
关键步骤	4.通过拉伸方式创建伞支持环
图示	
关键步骤	5.创建草绘曲线制作支持架
图示	
关键步骤	6.局部倒圆角(伞头和伞柄)
图示	

场景7 齿轮三维数字化建模

【工程案例十】 齿轮的三维数字化建模

某齿轮厂生产如图 5-171 所示齿轮,齿轮模数 $m=3$,齿数 $z=13$,齿顶高系数 $h_a=1.0$,顶隙系数 $c=0.25$,分度圆压力角 $\alpha=20°$,齿宽 $b=20$。要求建立其三维数字化模型。

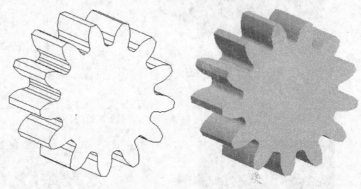

图 5-171 齿轮模型图

【学习目标】

1. 学习参数与关系式的设置方法。
2. 学习轮齿的建模方法。

【齿轮模型造型分析】

齿轮作为一种常用件,在机械设计中得到广泛应用,主要用来传递动力和运动,改变转速和运动方向等。齿轮有多种类型,如直齿轮、斜齿轮、人字形齿轮、弧形齿轮等。齿轮已实现半标准化,如模数和齿形角等。齿轮造型的难点在于轮齿部分,需要构造渐开线曲线。不过在近似造型过程中,可以用圆弧来代替渐开线,以简化建模过程。本案例分别对齿轮模型的近似造型与参数化标准造型两种方式进行讲述。

【相关知识点】

1. 齿轮的结构

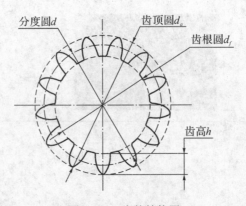

图 5-172 齿轮结构图

在设计标准齿轮时，只需确定齿轮的模数 m 和齿数 z 两个参数，而分度圆上的压力角 α $=20°$，齿顶高系数 h_a 和顶隙系数 c 分别为 1 和 0.25，齿顶圆、分度圆、齿根圆直径等参数可以通过以下关系式自动计算：

分度圆直径 $d=m*z$

齿顶圆直径 $d_a=m*z+2*m*h_a$

齿根圆直径 $d_f=m*z-2*(h_a+c)*m$

节圆直径 $d_b=m*z*(\cos(\alpha))$

2. 参数与关系

Pro/Engineer 软件用参数来定义零件或装配体的尺寸值，当参数值发生改变时，可以获得不同大小的一类零件。关系主要用于参数之间的联系，如表达式 $d_2=d_1+d_0*\sin(a)$ 中，d_0、d_1、d_2、a 均为参数，整个表达式为一关系，其中 $d2$ 的值由 $d0$、$d1$、a 的值确定。

3. 渐开线的参数方程

渐开线的参数方程式为：

$\theta=t*90$ / * t 为变量，取值范围 0—1 * /

$r=db/2$

$s=(PI*r*t)/2$ / * PI 为常数 * /

$x=r*\cos(\theta)+s*\sin(\theta)$

$y=r*\sin(\theta)-s*\cos(\theta)$

$z=0$

【齿轮的简化建模过程】

步骤 1 设置工作目录

单击菜单【文件】→【设置工作目录】命令，将文件放置在自己建立的文件夹下。

步骤 2 新建文件

单击工具栏中的新建文件按钮 ，在弹出的【新建】对话框中选择"零件"类型，单击"使用缺省模板"复选框取消选中标志，在【名称】栏输入新建文件名"Gear-simple"。单击"确定"按钮，打开【新文件选项】对话框。选择"mmns_part_solid"模板，按下"确定"按钮，进入三维零件绘制环境。

步骤 3 创建齿轮设计参数

① 选择主菜单中的【工具】→【参数】命令，弹出如图 5-173 所示的【参数】对话框。

② 单击添加按钮 ，依次添加齿轮设计参数及初始值，模数 M 值为 3，齿数 Z 值为 13，压力角 A 为 20，分度圆尺寸 D、齿顶圆尺寸 DA、齿根圆尺寸 DF 开始值设置为 0（随后它们的值会自动进行修改）。添加完毕后，单击"确定"按钮。

步骤 4 添加齿轮参照圆关系式

① 单击工具栏中的草绘按钮 ，弹出【草绘】对话框。选取 FRONT 基准平面作为草绘平面，接受系统默认的参照平面和方向。单击"草绘"按钮，系统进入二维草绘环境。

② 草绘如图 5-174 所示 3 个任意的同心圆。草绘完成后，单击草绘完成按钮 ，退出草绘环境。

③ 单击主菜单的【工具】→【关系】命令，弹出如图 5-175 所示的【关系】对话框，在其中输

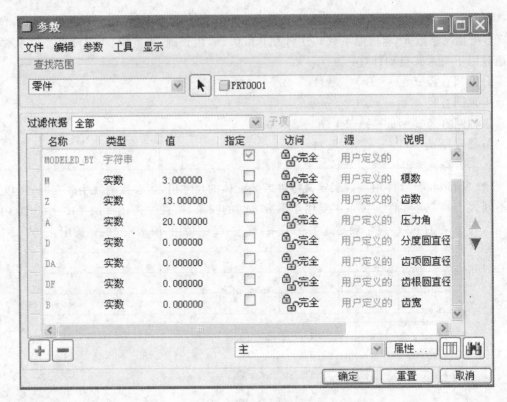

图 5-173 【参数】对话框

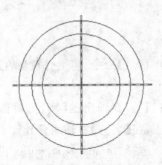

图 5-174 草绘图形

入齿轮参照圆关系式(框内所示三条关系式)。

④ 输入完成后,首先在工作区单击 φd0 尺寸,如图 5-176 所示。符号尺寸被添加到"关系"对话框中,然后建立等式剩余部分"＝d"。同理按照顺序依次添加其他尺寸 d1、d2,并建立等式关系(注意 d0、d1 等几个符号不能手动输入,只能通过点击绘图区中相应的符号自动获得)。添加完毕后,单击对话框中的"确定"按钮,系统进入三维实体模式,单击"常用"工具栏中的"再生模型"按钮。系统将根据关系式生成如图 5-177 所示的参照圆。

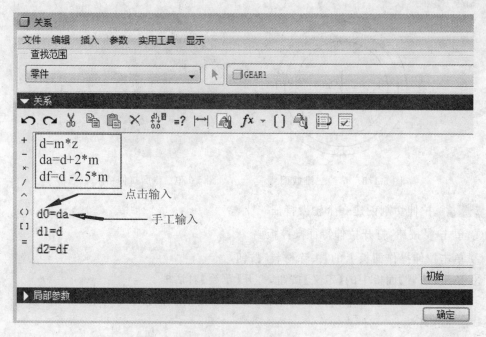

图 5-175　【关系】对话框

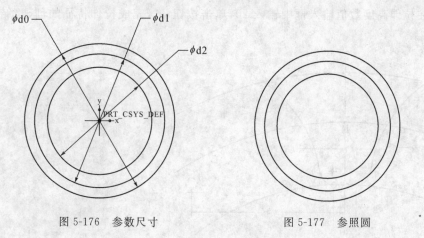

图 5-176　参数尺寸　　　　　　　　图 5-177　参照圆

步骤5　拉伸创建齿轮毛坯

① 单击 按钮,打开拉伸特征操控板。

② 单击【放置】面板中的【定义】按钮,打开【草绘】对话框。

③ 选择 FRONT 基准面为草绘平面,参照面按缺省值设置。单击"草绘"按钮,系统进入草绘工作环境。

④ 通过选择主菜单中的【草绘】→【边】→【使用】命令,点击齿顶圆草绘曲线绘制如图5-178所示二维截面。单击草绘完成按钮 ✓ ,返回拉伸特征操控板。

⑤ 在数值编辑框中输入 20,单击按钮 ✓ ,完成拉伸特征的创建,结果如图 5-179 所示。

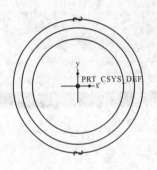

图 5-178　草绘二维截面

图 5-179　截面拉伸结果

步骤6　拉伸切割创建一个轮齿特征

① 单击🗀按钮，打开拉伸特征操控板。

② 单击拉伸操作面板上的"去除材料"按钮🗂。

③ 单击【放置】面板中的【定义】按钮，打开【草绘】对话框。

④ 选择 FRONT 基准平面为草绘平面，参照面按缺省值设置。单击"草绘"按钮，系统进入草绘工作环境。

⑤ 绘制如图 5-180 所示二维截面。单击草绘完成按钮✔，返回拉伸特征操控板。

⑥ 在拉伸高度数值输入框中输入 20，单击按钮✔，完成拉伸特征的创建，结果如图 5-181 所示。

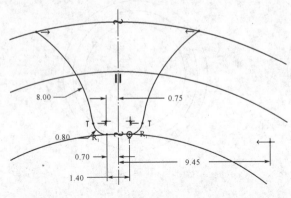

图 5-180　草绘二维截面

图 5-181　拉伸切割结果

步骤7　轮齿特征阵列

① 点选上步创建的轮齿拉伸切割特征，单击特征阵列按钮▦，弹出特征阵列操作面板。

② 将阵列类型改为"轴"，选择拉伸特征的轴心为旋转轴（注：这里需要自己通过选择圆柱面创建一个基准轴）。在输入第一方向的阵列成员数框中输入 13，角度值输入框中输入 360/z，此时系统会弹出提示框"是否要添加 360/z 作为特征关系？"，单击"是"按钮。单击完成按钮✔，完成轮齿特征的阵列，结果如图 5-182 所示。

步骤8　隐藏草绘参照圆曲线

选择特征操作树中的草绘曲线，右键弹出快捷菜单，选择其中的"隐藏"即可，结果如图 5-183 所示。

图 5-182　齿轮特征阵列结果　　　　　图 5-183　隐藏草绘曲面

步骤 9　文件保存

单击菜单【文件】→【保存】命令,保存当前模型文件。

【齿轮的参数化造型过程】

步骤 1　新建文件

单击工具栏中的新建文件按钮 □ ,在弹出的【新建】对话框中选择"零件"类型,单击"使用缺省模板"复选框取消选中标志,在【名称】栏输入新建文件名"Gear-Para"。单击"确定"按钮,打开【新文件选项】对话框。选择"mmns_part_solid"模板,按下"确定"按钮,进入三维零件绘制环境。

步骤 2　创建齿轮设计参数

① 选择主菜单中的【工具】→【参数】命令,弹出【参数】对话框。

② 单击对话框中的"添加"按钮,依次添加齿轮设计参数及初始值,模数 M 值为 3,齿数 Z 值为 13,压力角 A 为 20,齿宽 B 为 20,分度圆尺寸 D、齿顶圆尺寸 DA、齿根圆尺寸 DF 开始值设置为 0(随后它们的值会自动进行修改),如图 5-184 所示。添加完毕后,单击"确定"按钮。

名称	类型	值	指定	访问	源	说明	受限制的
M	实数	3.000000	☐	🔒完全	用户定义的	模数	
Z	实数	13.000000	☐	🔒完全	用户定义的	齿数	
A	实数	20.000000	☐	🔒完全	用户定义的	压力角	
D	实数	0.000000	☐	🔒完全	用户定义的	分度圆直径	
DA	实数	0.000000	☐	🔒完全	用户定义的	齿顶圆直径	
DF	实数	0.000000	☐	🔒完全	用户定义的	齿根圆直径	
DB	实数	0.000000	☐	🔒完全	用户定义的	基圆直径	
B	实数	20.000000	☐	🔒完全	用户定义的	齿宽	

图 5-184　【参数】对话框

步骤 3　添加齿轮参照圆关系式

① 单击工具栏中的草绘按钮 ▨ ,弹出【草绘】对话框。选取 FRONT 基准平面作为草绘平面,接受系统默认的参照平面和方向。单击"草绘"按钮,系统进入二维草绘环境。

② 草绘如图 5-185 所示 4 个任意的同心圆。草绘完成后,单击草绘完成按钮 ✔,退出草绘环境。

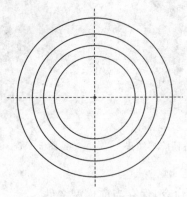

图 5-185　草绘同心圆

③ 单击主菜单的【工具】→【关系】命令,弹出如图所示的【关系】对话框(图 5-186),在其中输入齿轮参照圆关系式(框中所示四条关系)。

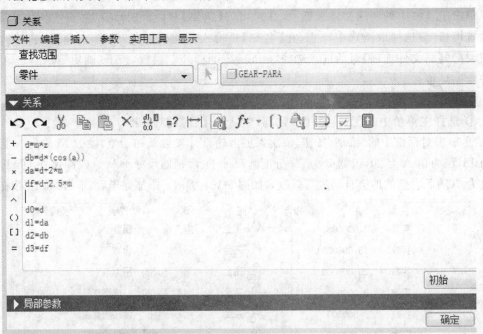

图 5-186　【关系】对话框

④ 输入完成后,首先在工作区单击 ϕd0 尺寸。符号尺寸被添加到"关系"对话框中,然后建立等式剩余部分"＝d"。同理按照顺序依次添加其他尺寸 d1、d2、d3,并建立等式关系(注意 d0、d1 等几个符号不能手动输入,只能通过点击绘图区中相应的符号自动获得)。添加完毕后,单击对话框中的"确定"按钮,系统进入三维实体模式,单击"常用"工具栏中的"再生模型"按钮。系统将根据关系式生成如图 5-187 所示的参照圆。

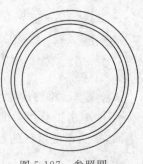

图 5-187　参照圆

步骤 4 创建齿轮齿廓渐开线特征

单击特征工具栏中的"基准曲线"创建按钮 ，弹出如图 5-188 所示【曲线选项】菜单。点击选择"从方程"选项，并单击"完成"命令，此时系统弹出如图 5-189 所示对话框，提示选择坐标系。在工作区中选取系统默认的坐标系，再单击"选取"对话框中的"确定"按钮，系统弹出【设置坐标系类型】对话框（图 5-190），选择其中的"笛卡尔"选项。系统弹出如图 5-191 所示的"记事本"对话框。在记事本点划线下方，输入渐开线方程。方程输入完毕后，单击"记事本"主菜单中的【文件】→【保存】命令。最后单击【曲线:从方程】对话框中的"确定"按钮，生成如图 5-192 所示渐开线。

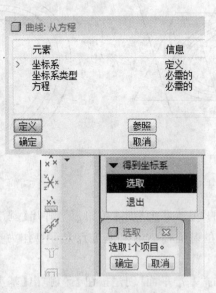

图 5-188 【曲线选项】对话框　　图 5-189 【从方程】对话框　　图 5-190 【坐标类型】对话框

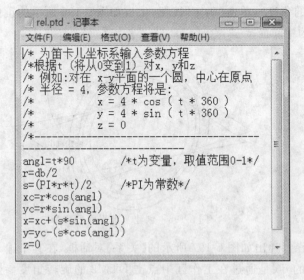

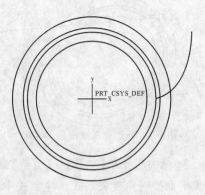

图 5-191 记事本窗口　　　　　　图 5-192 渐开线创建结果

步骤 5 创建镜像基准平面特征

① 单击特征工具栏中的"基准轴"创建按钮 ，弹出【基准轴】对话框，在工作区按住键

盘 Ctrl 键,选取 RIGHT 和 TOP 两个基准平面作为参照,单击"确定"按钮,生成如图5-193所示基准轴 A_1。

② 单击特征工具栏中的"基准点"创建按钮 ✕✕,弹出【基准点】对话框,在工作区按住键盘 Ctrl 键,选取分度圆和创建的渐开线作为参照,单击"确定"按钮,生成如图 5-194 所示基准点 PNT0。

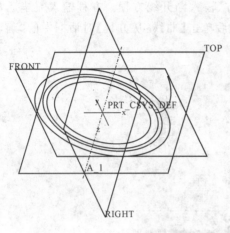

图 5-193　创建基准轴 A_1

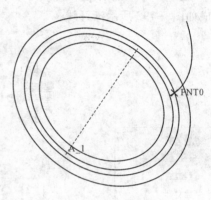

图 5-194　创建基准点 PNT0

③ 单击特征工具栏中的"基准平面"创建按钮 ▱,弹出【基准平面】对话框,在工作区按住键盘 Ctrl 键,选取刚创建的基准轴 A_1 和基准点 PNT0 作为参照,单击"确定"按钮,生成如图 5-195 所示基准平面 DTM1。

④ 单击特征工具栏中的"基准平面"创建按钮 ▱,弹出【基准平面】对话框,在工作区按住键盘 Ctrl 键,选取刚创建的基准轴 A_1 和基准平面 DTM1 作为参照,并输入旋转角度－360/(4 ∗ z)(注:此处角度值为 1/4 齿的角度),单击"确定"按钮,生成如图 5-196 所示的镜像基准平面 DTM2,该基准平面为齿槽的中间面。

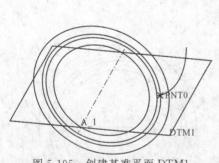

图 5-195　创建基准平面 DTM1

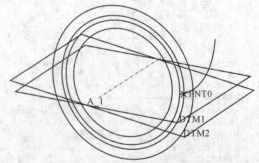

图 5-196　创建基准平面 DTM2

⑤ 单击主菜单【工具】→【关系】命令,弹出如图 5-197 所示的【关系】对话框,在其中输入镜像平面旋转角度关系式。注意式中的 d6 是通过在工作区中点击 DTM2 的旋转角度参数获得,其余部分手工输入。操作完成后,单击"确定"按钮。

步骤 6　创建镜像渐开线特征

选取已创建的渐开线特征,单击工具栏中的镜像按钮 ◗◖,选择 DTM2 基准平面作为镜像平面,单击确定按钮 ✔,生成如图 5-198 所示的镜像渐开线特征。

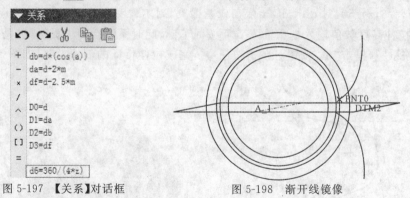

图 5-197　【关系】对话框　　　　　　　　　　图 5-198　渐开线镜像

步骤 7　拉伸创建齿轮毛坯

① 单击 按钮,打开拉伸特征操控板。

② 单击【放置】面板中的【定义】按钮,打开【草绘】对话框。

③ 选择 FRONT 基准面为草绘平面,参照面按缺省值设置。单击"草绘"按钮,系统进入草绘工作环境。

④ 通过选择主菜单中的【草绘】→【边】→【使用】命令,点击齿顶圆草绘曲线绘制如图 5-199 所示二维截面。单击草绘完成按钮 ✔,返回拉伸特征操控板。

⑤ 在数值编辑框中输入 b 后按回车键,此时系统会弹出提示框"是否要添加 B 作为特征关系?",单击"是"按钮 ✔。单击按钮,完成拉伸特征的创建,结果如图 5-200 所示。

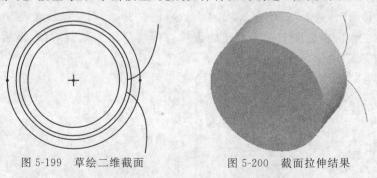

图 5-199　草绘二维截面　　　　　　　　　　图 5-200　截面拉伸结果

⑥ 单击主菜单【工具】→【关系】命令,弹出如图所示的【关系】对话框,在工作区单击拉伸高度参数 d7(注意此处的 d7 因建模顺序而定,可能是其他参数,如 d8、d9 等),在【关系】对话框中输入关系式 d7=b。操作完成后,单击"确定"按钮。

步骤 8　创建第一个齿槽特征

① 单击 按钮,打开拉伸特征操控板。

② 单击拉伸操作面板上的"去除材料"按钮 。

③ 单击【放置】面板中的【定义】按钮,打开【草绘】对话框。

④ 选择 FRONT 基准平面为草绘平面,参照面按缺省值设置。单击"草绘"按钮,系统进入草绘工作环境。

⑤ 绘制如图 5-201 所示二维截面(注意利用菜单中"草绘—边—使用"命令来选择参照圆以及渐开线)。单击草绘完成按钮 ✔,返回拉伸特征操控板。

（注：此例中 m＝3，z＝13，此时 db＞df，齿底圆比基圆小，需要在两圆间补充两条过渡线。如果 m＝3，z＝50，则 db＜df，齿底圆比基圆大，则不需要在两圆间补充线。）

⑥ 在拉伸高度数值输入框中输入 b 后按回车键，此时系统会弹出提示框"是否要添加 B 作为特征关系？"，单击"是"按钮。单击按钮 ✔，完成拉伸特征的创建，结果如图 5-202 所示。

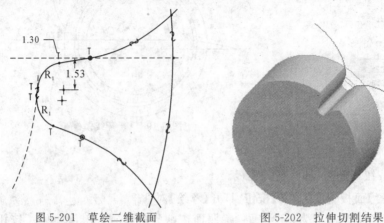

图 5-201　草绘二维截面　　　　　　　图 5-202　拉伸切割结果

⑦ 单击主菜单【工具】→【关系】命令，弹出【关系】对话框，在工作区内点击刚创建的齿槽特征，然后单击拉伸高度参数 d9 以及圆角半径 d10，在【关系】对话框中输入关系式 d9＝b，d10＝0.38 * m。操作完成后，单击"确定"按钮。

步骤 9　轮齿特征复制

① 单击主菜单中的【编辑】→【特征操作】命令，弹出【特征】菜单管理器（图 5-203），依次单击"复制"、"移动"、"选取"、"独立"、"完成"命令（图 5-204），系统提示选取需要复制的特征（图 5-205），在工作区中选取上一步创建的齿槽拉伸特征作为复制对象，最后单击【选取特征】菜单中的"完成"命令。

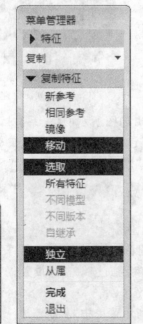

图 5-203　　　　　　图 5-204　　　　　　图 5-205　　　　　　图 5-206

② 在随后弹出的【移动特征】对话框(图5-206)中单击"旋转"选项,弹出【选取方向】对话框(图5-207),选择其中的"曲线/边/轴"命令,选取轴A_1作为旋转轴,系统弹出【方向】对话框(图5-208),选择其中的"正向"命令,确认移动方向。系统消息区提示"输入旋转角度",在编辑框中输入"360/z",单击确定按钮 ✔。在【移动特征】菜单中,单击"完成移动"命令。

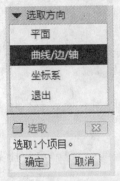

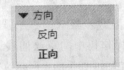

图5-207　【选取方向】对话框　　　　　　　　图5-208　【方向】对话框

③ 确认完毕,在弹出的对话框中依次单击【选取】对话框中的"确定"按钮、【组可变尺寸】中的"完成"命令(图5-209)、【组元素】对话框中的"确定"按钮和【特征】对话框中的"完成"按钮(图5-210),生成如图5-211所示的复制特征。

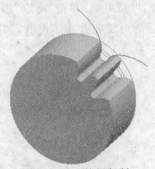

图5-209　　　　　图5-210　【组元素】对话框　　　　图5-211　特征复制

④ 单击主菜单【工具】→【关系】命令,弹出如图所示的【关系】对话框,在工作区单击旋转角度尺寸参数d12(注意:有可能是其他符号),在【关系】对话框中输入关系式d12=360/z。操作完成后,单击"确定"按钮。

步骤10　轮齿特征阵列

① 在特征模型树中点选上步创建的复制的组特征,单击特征阵列按钮 ▦,弹出特征阵列操作面板。

② 在操作面板中选择阵列方式为"尺寸"阵列,输入阵列个数为12。在工作区选取复制旋转角度作为尺寸参照,在弹出的编辑框中输入"360/z",此时系统会弹出提示框"是否要添加360/z作为特征关系?",单击"是"按钮。单击完成按钮 ✔,完成轮齿特征的阵列,结果如图5-212所示。

③ 单击主菜单【工具】→【关系】命令,弹出【关系】对话框,在工作区单击旋转角度尺寸参数d18和阵列尺寸参数p19(注意:有可能是其他符号),在【关系】对话框中输入关系式

d18＝360/z,p19＝z－1。操作完成后,单击"确定"按钮。

图 5-212　特征阵列

图 5-213　隐藏草绘曲线

步骤 11　隐藏步骤草绘参照圆曲线

选择特征操作树中的草绘曲线、渐开线曲线及镜像线,右键弹出快捷菜单,选择其中的"隐藏"即可,结果如图 5-213 所示。

步骤 12　文件保存

单击菜单【文件】→【保存】命令,保存当前模型文件。

步骤 13　模型的参数化修改

单击主菜单中的【工具】→【参数】命令,弹出【参数】对话框,修改设计参数,如模数 m、齿数 z、齿宽 b 等,单击"确定"按钮,完成修改。最后单击常用工具栏中的再生模型按钮,生成新的齿轮三维实体模型,如图 5-214 所示。

（a）m＝3, z＝8, b＝20　　　（b）m＝2.5, z＝17, b＝10　　　（c）m＝3, z＝25, b＝20

图 5-214　齿轮的参数化模型

【举一反三】

某齿轮厂生产如图 5-215 所示齿轮,要求建立其三维数字化模型。

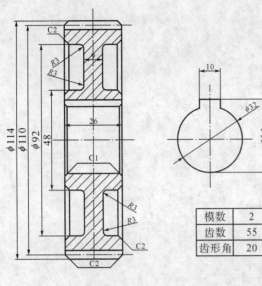

模数	2
齿数	55
齿形角	20

图 5-215　齿轮模型图

表 5-10　齿轮的三维数字化建模过程

关键步骤	1.拉伸创建毛坯	2.毛坯倒角	3.创建轮齿
图示			

关键步骤	4.轮齿阵列	5.拉伸去除材料	6.特征镜像
图示			

关键步骤	7.倒角	8.倒圆角	9.最终结果
图示			

综合工程案例实战演练

【综合案例练习】

创建图 5-216 所示零件模型。

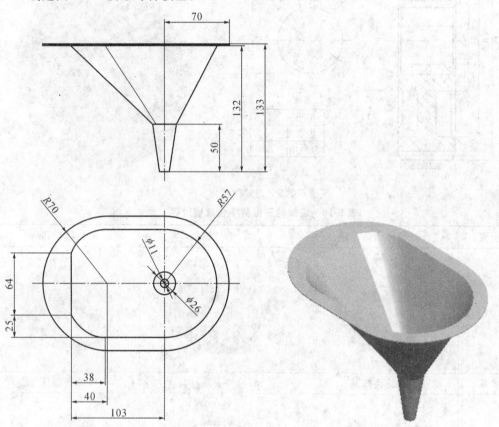

（1）漏斗零件，壳体厚 1mm

模数	2
齿数	15
齿形角	20

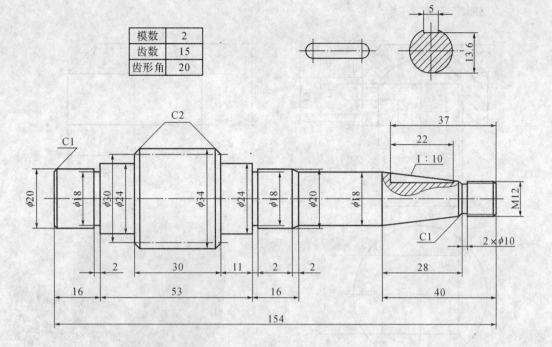

（2）齿轮轴零件

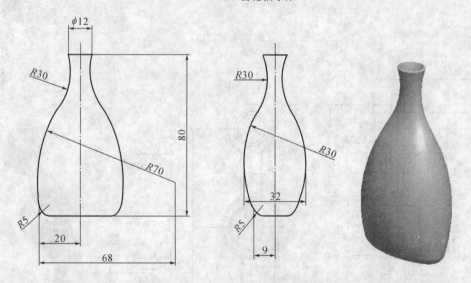

（3）香水瓶，壳体厚度1mm

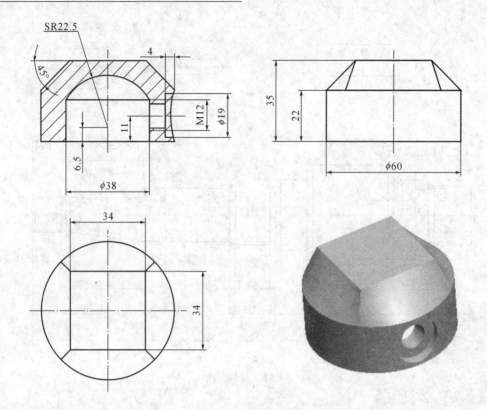

（4）千斤顶顶垫

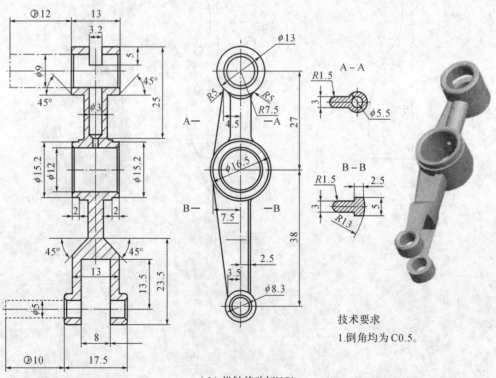

技术要求

1.倒角均为 C0.5。

（5）机针传动杠[27]

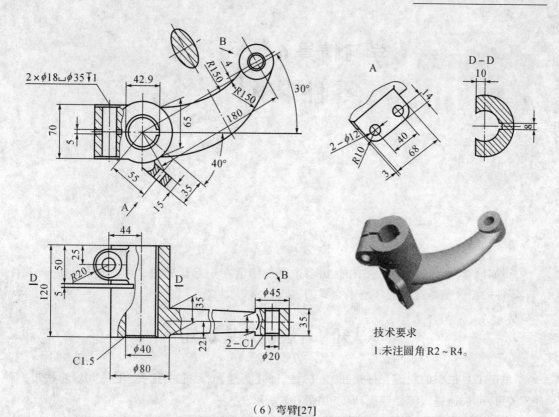

技术要求
1.未注圆角 R2～R4。

（6）弯臂[27]

图 5-216　工程案例练习题

学习情景 6
零件装配

正如汽车一样,一个产品往往是由多个零件组合在一起而成的。在 Pro/Engineer 软件中,零件的组合是通过装配环境来完成的。

认知 1　装配环境认知

单击工具栏中的新建文件按钮□,在弹出的【新建】对话框中选择"组件"类型,按下"确定"按钮,可快速进入零件装配环境,如图 6-1 所示。

图 6-1　Pro/Engineer Wildfire 4.0 零件装配环境

Pro/Engineer Wildfire4.0 软件的装配环境与三维零件设计环境基本相似,除了在工程特征工具栏中添加了两个装配按钮外。当然相应的下拉菜单也发生了相应的变化,如图 6-2 所示,在主菜单【插入】中添加了【元件】项,用于零件的调入等。

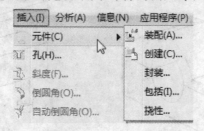

图 6-2　装配环境下的【插入】主菜单项

场景 1　零件装配与分解

【工程案例一】　轴承座零件装配

根据轴承座各零件的尺寸绘制出三维模型,并完成零件的装配。

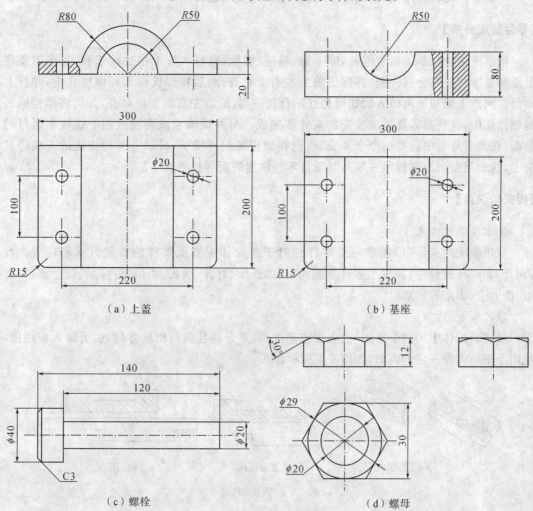

（a）上盖　　　　　　　　　　　　　（b）基座

（c）螺栓　　　　　　　　　　　　　（d）螺母

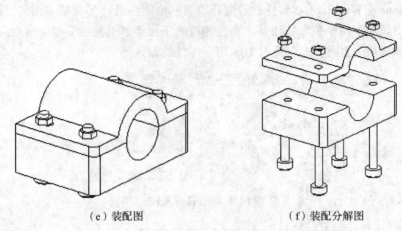

（e）装配图   （f）装配分解图

图 6-3   轴承座零件图纸

【学习目标】

1. 学习零件装配的基本过程。
2. 掌握匹配、对齐、插入、固定等装配约束的使用方法。

【零件装配分析】

轴承座组件包括了四个零件，即上盖、基座、螺栓、螺母。按工作过程来看，首先需要将上盖和基座相互贴合在一起，并保证前后左右面对齐，然后将螺栓插入到螺栓孔中，并拧上螺母。当然上盖和基座的表面如何相互贴合在一起，前后左右面如何对齐，如何将螺栓插入到螺栓孔中，这些都需要添加装配约束才能完成。另外该轴承座要完成四个螺栓和螺母的装配，在现实环境中需要一个个来安装，但在虚拟装配环境下，可以有一种快速的方法将其装上，这就需要用户掌握零件阵列与重复零件快速装配等技巧。

【相关知识点】

1. 零件装配约束

利用装配约束，可以指定一个零件相对于装配体中其他零件的放置方式和位置。在 Pro/Engineer 软件中，提供了多种装配约束，如匹配、对齐、插入、相切、坐标系、线上点、面上点、面上边、固定等约束。

（1）"匹配"约束

可使装配体中的两个平面（或表面或基准面）重合并且朝向相反方向，也可输入偏距值，使两个平面离开一定的距离，如图 6-4 所示。

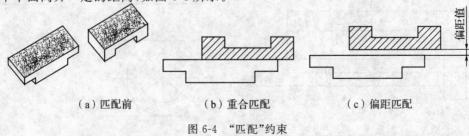

（a）匹配前   （b）重合匹配   （c）偏距匹配

图 6-4   "匹配"约束

（2）"对齐"约束

可使装配体中的两个平面（或表面或基准面）重合并且朝向相同方向，也可输入偏距值，使两个平面离开一定的距离，如图 6-5 所示。

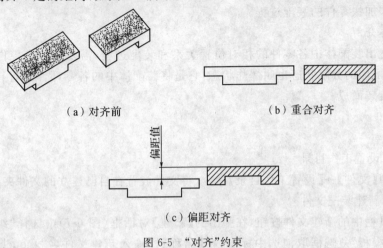

（a）对齐前　　　　　　　　（b）重合对齐

（c）偏距对齐

图 6-5　"对齐"约束

对齐约束还可以使两个轴线同轴，或者使两个点重合，或者使两条边对齐等。

（3）"插入"约束

将一个旋转曲面（比如圆柱面）插入到另一个旋转面中，且使它们各自的轴线同轴。一般来说插入约束可以用对齐约束来代替，不过在当旋转曲面的轴线选取无效或不方便时可以使用这个约束。插入约束主要用于孔与轴之间的装配，如图 6-6 所示。

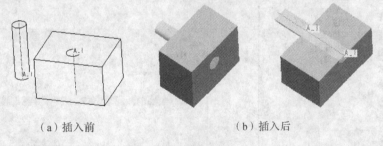

（a）插入前　　　　　　　　（b）插入后

图 6-6　"插入"约束

（4）"固定"约束

使用固定约束可以将零件固定在图形区的当前位置，当向装配环境中加入第一个零件时可以这种约束方式对零件进行固定，以简化零件的装配过程。

（5）"缺省"约束

"缺省"约束也称为"默认"约束，可以用该约束将元件上的默认坐标系与装配环境的默认坐标系对齐。当向装配环境中加入第一个零件时可以这种约束方式对零件进行固定，以简化零件的装配过程。

2. 重复零件装配

在装配过程中有些零件可能会用到多次，而且装配约束大多相同，如螺栓、螺母的装配等，如果一个个装配，显然会增加零件的装配时间，Pro/Engineer 软件中提供了一种针对重复零件的装配方法,来加快零件的装配速度。

3.零件阵列

如果重复的零件之间有一定的规律可循,如沿环形排列、矩阵状排列等,则可以采用零件阵列方式来加快零件的装配过程。

4.装配体分解

为了表达出装配体中各零件的相对位置关系和装配过程,需要将各个零件从装配体中分解出来,装配体的分解状态也叫爆炸状态,它是将装配体中的各零部件沿着直线或者坐标轴移动或者旋转而成。

【操作步骤】

步骤1 设置工作目录

单击菜单【文件】→【设置工作目录】命令,将文件放置在自己建立的文件夹下。

步骤2 新建装配文件

单击工具栏中的新建文件按钮,在弹出的【新建】对话框(图 6-7)中选择"组件"类型,单击"使用缺省模板"复选框取消选中标志,在【名称】栏输入新建文件名"zhouchengzuo"。单击"确定"按钮,打开【新文件选项】对话框(图 6-8)。选择"mmns_asm_design"模板,按下"确定"按钮,进入零件装配环境。

图 6-7 【新建】对话框　　　　图 6-8 【新文件选项】对话框

步骤3 装配第一个零件——基座

① 单击主菜单【插入】→【元件】→【装配】命令或按工具栏中的装配按钮,此时系统弹出文件【打开】对话框,选择基座零件模型文件 base.prt,然后单击"打开"按钮,此时基准零件出现在绘图窗口中,同时弹出装配操作面板(如图 6-9 所示)。

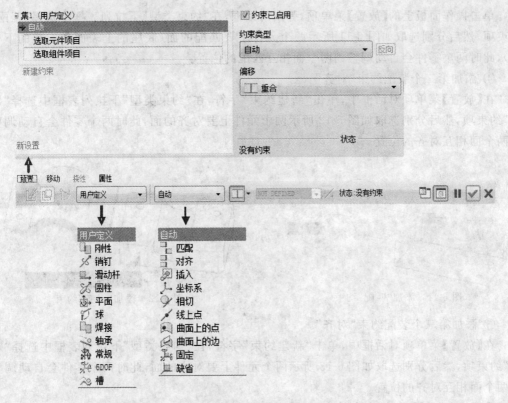

图 6-9　装配操作面板

② 单击约束类型选择框,选择"缺省"类型,将元件按默认放置(即零件的坐标系 PRT_SYS_DEF 和装配坐标 ASM_SYS_DEF 对齐),此时"状态"区域显示"完全约束"。单击操作面板上的确定按钮 ✔,结束第一个零件的装配,如图 6-10 所示。

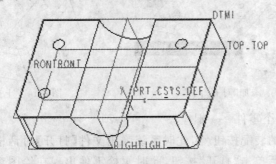

图 6-10　装配操作面板

步骤 4　装配第二个零件——上盖

① 单击工具栏中的装配按钮 📷,此时系统弹出文件【打开】对话框,选择上盖零件模型文件 shanggai. prt,然后单击"打开"按钮,此时上盖零件出现在绘图窗口中,同时弹出装配操作面板。

② 点击工具栏中的关闭基准平面显示按钮 📄,将工作区的各基准平面关闭,以免模型显示混乱。

③ 添加第一个装配约束"匹配"。

单击操作面板上的【放置】菜单项,弹出对话框,在"约束类型"下拉列表框中选择"匹配"约束项,然后分别选取如图 6-11 所示两个元件上要匹配的面(底座的上表面和上盖的下表面),此时两个零件会自动调整到两个面相互匹配的位置。

④ 添加第二个装配约束"对齐"。

在【放置】菜单项对话框中,单击"新建约束"字符,在"约束类型"下拉列表框中选择"对齐"约束项,然后分别选取如图 6-12 所示两个元件上要对齐的面,此时两个零件会自动调整到两个面相互对齐的位置。

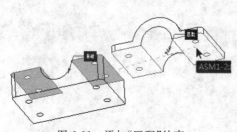

图 6-11 添加"匹配"约束

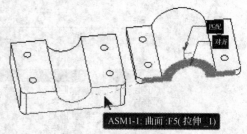

图 6-12 添加"对齐"约束

⑤ 添加第三个装配约束"对齐"。

在【放置】菜单项对话框中,单击"新建约束"字符,在"约束类型"下拉列表框中选择"对齐"约束项,然后分别选取如图 6-13 所示两个元件上要对齐的面,此时两个零件会自动调整到两个面相互对齐的位置。

⑥ "状态"区域显示"完全约束"。单击操作面板上的确定按钮 ✔,结束第二个零件的装配,如图 6-14 所示。

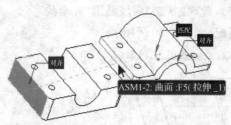

图 6-13 添加"对齐"约束

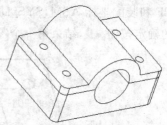

图 6-14 上盖装配结果

步骤5 装配第三个零件——螺栓

① 单击工具栏中的装配按钮 🔧,此时系统弹出文件【打开】对话框,选择螺栓零件模型文件 luoshuan.prt,然后单击"打开"按钮,此时螺栓零件出现在绘图窗口中,同时弹出装配操作面板。

② 添加第一个装配约束"匹配"。

在【放置】菜单项对话框中,单击"新建约束"字符,在"约束类型"下拉列表框中选择"匹配"约束项,然后分别选取如图 6-15 所示两个元件上要匹配的面(螺栓头的下表面和基座的下表面),此时两个零件会自动调整到两个面相互匹配的位置。

③ 添加第二个装配约束"插入"。

单击操作面板上的【放置】菜单项,弹出对话框,在"约束类型"下拉列表框中选择"插入"约束项,然后分别选取如图 6-16 所示两个元件上要插入的孔和轴的圆柱面,此时螺栓会插入到孔中。

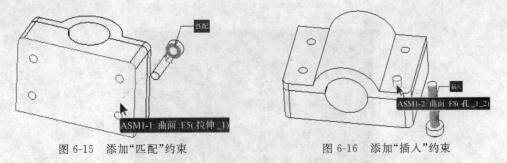

图 6-15　添加"匹配"约束　　　　　　　图 6-16　添加"插入"约束

④ "状态"区域显示"完全约束"。单击操作面板上的确定按钮 ✓，结束螺栓的装配，如图 6-17 所示。

图 6-17　螺栓装配结果

步骤6　装配第四个零件——螺母

① 单击工具栏中的装配按钮 🖳，此时系统弹出文件【打开】对话框，选择螺母零件模型文件 luomu.prt，然后单击"打开"按钮，此时螺母零件出现在绘图窗口中，同时弹出装配操作面板。

② 添加第一个装配约束"匹配"。

在【放置】菜单项对话框中，单击"新建约束"字符，在"约束类型"下拉列表框中选择"匹配"约束项，然后分别选取如图 6-18 所示两个元件上要匹配的面(螺母的下表面和上盖的上表面)，此时两个零件会自动调整到两个面相互匹配的位置。

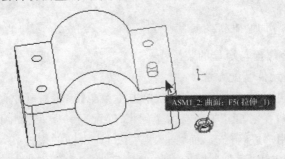

图 6-18　添加"匹配"约束

注：如果零件太小或与要装配的零件相距较远或跑到零件的内部，此时不容易对零件进行选择。解决的方式是点击操作面板右边的"打开辅助窗口"按钮，此时打开一个包含要装配元件的辅助窗口，如图 6-19 所示。用户可以在其中对零件进行旋转、缩放、平移等操作，以方便零件装配位置的选择。

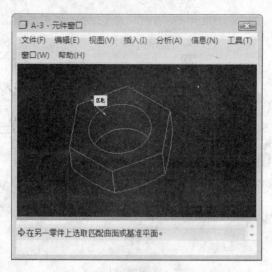

图 6-19　辅助窗口

③ 添加第二个装配约束"插入"。

单击操作面板上的【放置】菜单项,弹出对话框,在"约束类型"下拉列表框中选择"插入"约束项,然后分别选取如图 6-20 所示两个元件上要插入的孔和轴的圆柱面,此时螺母会插入到螺栓中。

④ "状态"区域显示"完全约束"。单击操作面板上的确定按钮 ✔ ,结束螺母的装配,如图 6-21 所示。

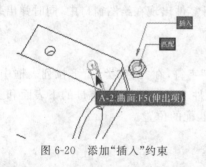

图 6-20　添加"插入"约束

图 6-21　螺母装配结果

步骤7　其余三个螺栓与螺母的装配

方法一:采用重复元件装配方法

① 在装配模型树中点选螺栓零件,然后单击主菜单【编辑】→【重复】命令,弹出【重复元件】对话框(如图 6-22),在"类型"中已有两个约束"匹配"和"插入",由于螺栓装配过程中"匹配"约束均相同,无需用户进行修改,而"插入"约束对应不同的螺栓孔,因此需要改变。单击"插入"约束选项,然后点击"添加"按钮,并在绘图区选择各个孔的内表面,再单击对话框上的"确认"按钮,结果如图 6-23 所示。

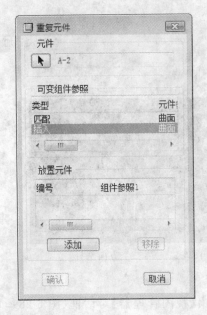

图 6-22　【重复元件】对话框

图 6-23　螺栓装配结果

② 按照同样的方法完成螺母的装配,结果如图 6-24 所示。

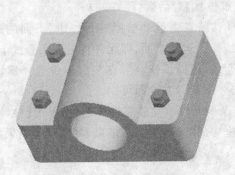

图 6-24　螺母装配结果

方法二:采用零件阵列方法

① 创建组

按住 Ctrl 键,在零件模型树中选择螺栓零件和螺母零件,单击鼠标右键弹出快捷菜单,在其中选择"组"选项,建立零件组,以方便两个零件同时阵列。

② 零件阵列

点击选中刚刚创建的零件组,然后单击工具栏中的阵列按钮▦,弹出阵列操作面板(图6-25)。将阵列类型改为"方向",单击零件上的一条边作为第一个方向的参照,然后双击尺寸数值,将其改为－220(如图 6-26 所示)。单击操作面板上的 2 处的"单击此处添加项目"框,然后选择零件的另一条边作为第二个方向的参照,然后双击尺寸数值,将其改为－100(如图 6-27 所示)。单击操作面板上的确定按钮✔,结束螺栓螺母的阵列装配,结果如同图6-24 所示。

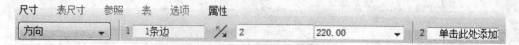

图 6-25　零件阵列操作面板

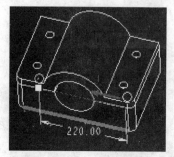

图 6-26　第一个方向选择

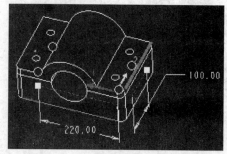

图 6-27　第二个方向选择

步骤8　装配体分解

① 单击主菜单【视图】→【视图管理器】命令,弹出【视图管理器】对话框(图 6-28),切换到"分解"选项卡。单击"新建"按钮,输入分解的名称 Exp0001,并按回车键确定。

② 单击【视图管理器】对话框中的"属性"按钮,对话框发生了改变。单击其中的"编辑位置"按钮,系统弹出【分解位置】对话框(图 6-29)。

③ 系统默认为零件"平移",点击运动参照"图元/边"下面的选择按钮,在模型中选择一条竖直边线或一条轴线作为运动参照,即元件将沿该条直线上下移动。

④ 单击"选取零件"下面的选择按钮,在装配体中选择螺母零件,移动鼠标,将零件拖动到合适位置后,再点击一下鼠标左键即可。

⑤ 用同样方法移动其余的元件。完成零件移动后,单击【分解位置】对话框中的"确定"按钮和【视图管理器】对话框中的"关闭"按钮,结束零件分解,结果如图 6-30 所示。

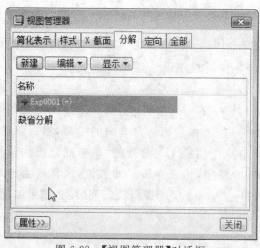

图 6-28　【视图管理器】对话框

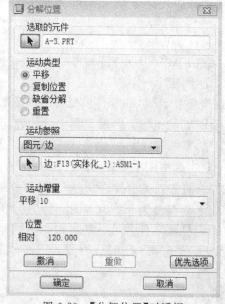

图 6-29　【分解位置】对话框

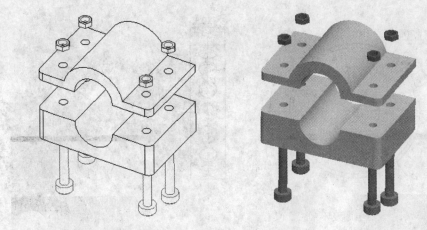

图 6-30　轴承座装配体分解结果

步骤 9 　取消分解状态

单击主菜单【视图】→【分解】→【取消分解视图】命令,可以取消视图的分解状态,从而回到装配状态。

步骤 10 　文件保存

单击菜单【文件】→【保存】命令,保存当前模型文件。保存后文件名为 zhouchengzuo.asm,其中 asm 为装配组件的后缀名。

【工程案例二】 深沟球轴承零件装配

根据图 6-31 所示深沟球轴承各零件的尺寸绘制出三维模型,并完成零件的装配。

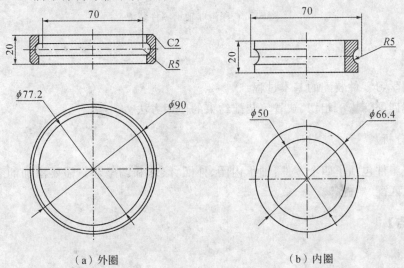

（a）外圈　　　　　　　　　　　　（b）内圈

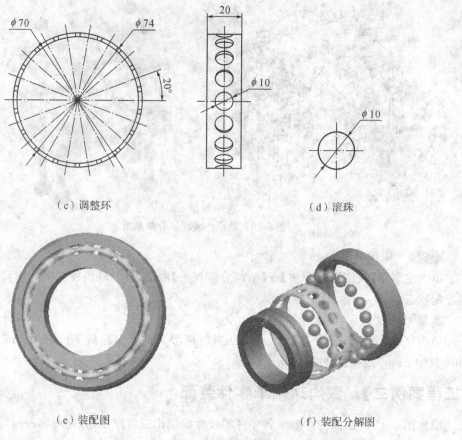

（c）调整环　　　　　　　　　　　　　　　（d）滚珠

（e）装配图　　　　　　　　　　　　　　　（f）装配分解图

图 6-31　深沟球轴承零件装配

【学习目标】

1. 巩固学习零件装配的基本过程。
2. 掌握匹配、对齐、相切、缺省等装配约束的使用方法。

【零件装配分析】

轴承座组件包括了四个零件:轴承内圈、外圈、滚珠和调整环。需要添加的装配约束为相切、插入、匹配、对齐等。

【相关知识点】

相切装配约束
相切装配约束使两个圆柱面或球面,或一个平面和另一个圆柱柱面或球面相切。

【操作步骤】

步骤1　设置工作目录
单击菜单【文件】→【设置工作目录】命令,将文件放置在自己建立的文件夹下。
步骤2　新建装配文件

单击工具栏中的新建文件按钮□,在弹出的【新建】对话框中选择"组件"类型,单击"使用缺省模板"复选框取消选中标志,在【名称】栏输入新建文件名"zhoucheng"。单击"确定"按钮,打开【新文件选项】对话框。选择"mmns_asm_design"模板,按下"确定"按钮,进入零件装配环境。

步骤3　装配第一个零件——外圈

① 单击主菜单【插入】→【元件】→【装配】命令或按工具栏中的装配按钮,此时系统弹出文件【打开】对话框,选择基座零件模型文件 waiquan.prt,然后单击"打开"按钮,此时基准零件出现在绘图窗口中,同时弹出装配操作面板。

② 单击约束类型选择框,选择"缺省"类型,将元件按默认放置(即零件的坐标系 PRT_SYS_DEF 和装配坐标 ASM_SYS_DEF 对齐),此时"状态"区域显示"完全约束"。单击操作面板上的确定按钮✔,结束第一个零件的装配,如图 6-32 所示。

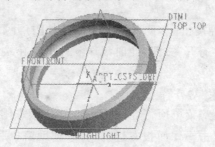

图 6-32　加入第一个零件——外圈

步骤4　装配第二个零件——调整环

① 单击工具栏中的装配按钮,此时系统弹出文件【打开】对话框,选择内圈零件模型文件 tiaozhenghuan.prt,然后单击"打开"按钮,此时调整环零件出现在绘图窗口中,同时弹出装配操作面板。

② 点击工具栏中的关闭基准平面显示按钮,将工作区的各基准平面关闭,以免模型显示混乱。

③ 添加第一个装配约束"对齐"。

单击操作面板上的【放置】菜单项,弹出对话框,在"约束类型"下拉列表框中选择"对齐"约束项,然后分别选取如图 6-33 所示两个元件上要对齐的轴,此时两个零件会自动调整到两个中心轴对齐的位置,结果如图 6-34 所示。

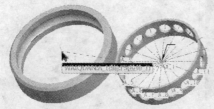

图 6-33　添加"对齐"约束

图 6-34　轴"对齐"结果

④ 添加第二个装配约束"对齐"。

在【放置】菜单项对话框中,单击"新建约束"字符,在"约束类型"下拉列表框中选择"对齐"约束项,然后分别选取如图 6-35 所示两个元件上要对齐的面,此时两个零件会自动调整到两个面相互对齐的位置。

⑤ "状态"区域显示"完全约束"。单击操作面板上的确定按钮 ，结束第二个零件的装配，如图 6-36 所示。

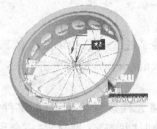

图 6-35　添加"对齐"约束　　　　　　图 6-36　调整环装配结果

步骤 5　装配第三个零件——滚珠

① 单击工具栏中的装配按钮 ，此时系统弹出文件【打开】对话框，选择滚珠零件模型文件 gunzhu.prt，然后单击"打开"按钮，此时滚珠零件出现在绘图窗口中，同时弹出装配操作面板。

② 添加第一个装配约束"对齐"。

单击操作面板上的【放置】菜单项，弹出对话框。由于滚珠零件较小，此时不容易对零件进行选择。解决的方式是点击操作面板右边的"打开辅助窗口"按钮 ，此时打开一个包含要装配元件的辅助窗口，如图 6-37 所示。用户可以在其中对零件进行旋转、缩放、平移等操作，以方便零件装配位置的选择。然后在"约束类型"下拉列表框中选择"对齐"约束项，然后分别选取如图 6-38 所示两个元件上要对齐的面（滚珠上的 FRONT 基准平面和装配体的 ASM_FRONT 平面），此时滚珠会自动调整到两个面相互对齐的位置。

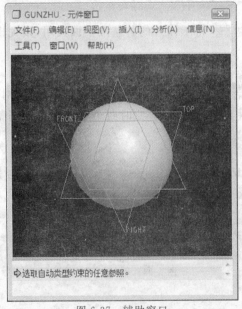
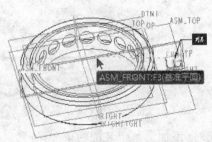

图 6-37　辅助窗口　　　　　　　图 6-38　添加"对齐"约束

③ 添加第二个装配约束"相切"。

在【放置】菜单项对话框中，单击"新建约束"字符，在"约束类型"下拉列表框中选择"相切"约束项，然后分别选取滚珠的球面和外圈的内圆弧面，此时两个零件会自动调整到两个面相切的位置，如图 6-39 所示。

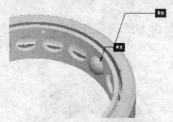 

图 6-39　添加"相切"约束　　　　图 6-40　添加"相切"约束

④ 添加第三个装配约束"对齐"。

在【放置】菜单项对话框中，单击"新建约束"字符，在"约束类型"下拉列表框中选择"对齐"约束项，然后分别选取滚珠的 TOP 基准平面和外圈的中间对称平面（如果没有对中平面，可以打开外圈零件，通过偏移方式做一个辅助对中平面 DTM1），此时两个零件会自动调整到两个面相互对齐的位置。

⑤ "状态"区域显示"完全约束"。单击操作面板上的确定按钮 ✔，结束第三个零件的装配，如图 6-40 所示。

步骤 6　滚珠阵列

① 点选滚珠零件，单击特征阵列按钮 ▦，弹出特征阵列操作面板。

② 将阵列类型改为"轴"，选择内圈的轴心为旋转轴。在输入第一方向的阵列成员数框中输入 18，角度值输入框中输入 20°，其他框中数值缺省。单击完成按钮 ✔，完成滚珠的阵列，结果如图 6-41 所示。

图 6-41　滚珠阵列结果

步骤 7　装配第二个零件——内圈

① 单击工具栏中的装配按钮 ☑，此时系统弹出文件【打开】对话框，选择内圈零件模型文件 neiquan.prt，然后单击"打开"按钮，此时内圈零件出现在绘图窗口中，同时弹出装配操作面板。

② 添加第一个装配约束"对齐"。

单击操作面板上的【放置】菜单项，弹出对话框，在"约束类型"下拉列表框中选择"对齐"约束项，然后分别选取内圈和外圈上要对齐的轴，此时两个零件会自动调整到两个中心轴对齐的位置，结果如图 6-42 所示。

③ 添加第二个装配约束"对齐"。

在【放置】菜单项对话框中,单击"新建约束"字符,在"约束类型"下拉列表框中选择"匹配"约束项,然后分别选取内圈和外圈的上表面,此时两个零件会自动调整到两个面相互对齐的位置。

④ "状态"区域显示"完全约束"。单击操作面板上的确定按钮 ✔,结束第二个零件的装配,如图 6-43 所示。

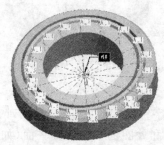

图 6-42 轴"对齐"结果

图 6-43 内圈装配结果

步骤 8 装配体分解

① 单击主菜单【视图】→【视图管理器】命令,弹出【视图管理器】对话框,切换到"分解"选项卡。单击"新建"按钮,输入分解的名称 Exp0001,并按回车键确定。

② 单击【视图管理器】对话框中的"属性"按钮,对话框发生了改变。单击其中的"编辑位置"按钮 ✎,系统弹出【分解位置】对话框。

③ 系统默认为零件"平移",点击运动参照"图元/边"下面的选择按钮 ▶,在模型中选择一条轴线作为运动参照,即元件将沿该条轴线上下移动。

④ 单击"选取零件"下面的选择按钮 ▶,在装配体中选择内圈零件,移动鼠标,将零件拖动到合适位置后,再点击一下鼠标左键即可。

⑤ 用同样方法移动其余的元件。完成零件移动后,单击【分解位置】对话框中的"确定"按钮和【视图管理器】对话框中的"关闭"按钮,结束零件分解,结果如图 6-44 所示。

步骤 9 取消分解状态

单击主菜单【视图】→【分解】→【取消分解视图】命令,可以取消视图的分解状态,从而回到装配状态。

图 6-44 轴承座装配体分解结果

步骤 10 文件保存

单击菜单【文件】→【保存】命令,保存当前模型文件。保存后文件名为 zhoucheng. asm,其中 asm 为装配组件的后缀名。

综合工程案例实战演练

【综合案例练习一】 千斤顶零件装配

根据千斤顶各零件的尺寸绘制出三维模型,并完成零件的装配与分解。

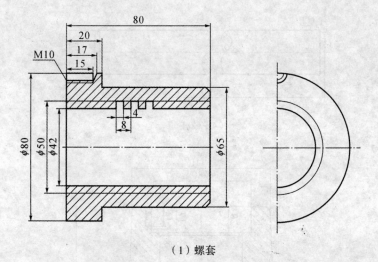

（1）螺套

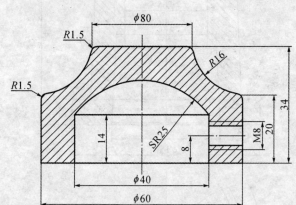

（2）顶垫

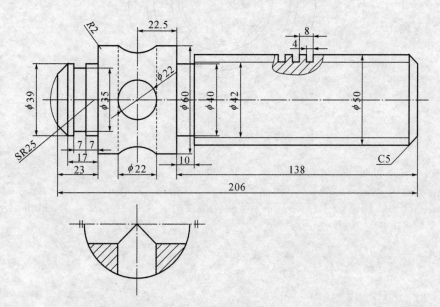

（3）螺杆

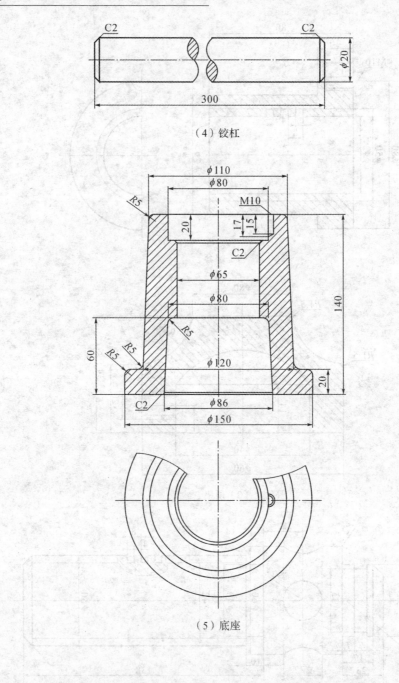

（4）铰杠

（5）底座

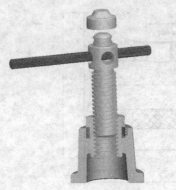

（6）零件装配图

图 6-45 千斤顶零件图及装配图

【综合案例练习二】定位器零件装配

根据定位器各零件的尺寸绘制出三维模型，并完成零件的装配。

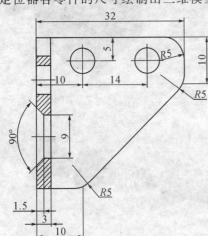
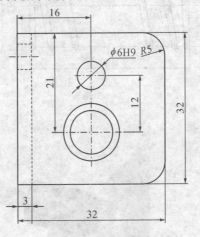

（1）支架

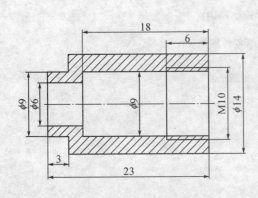
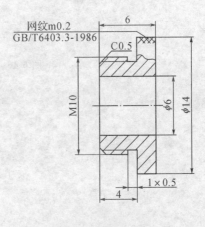

（2）套筒

（3）盖

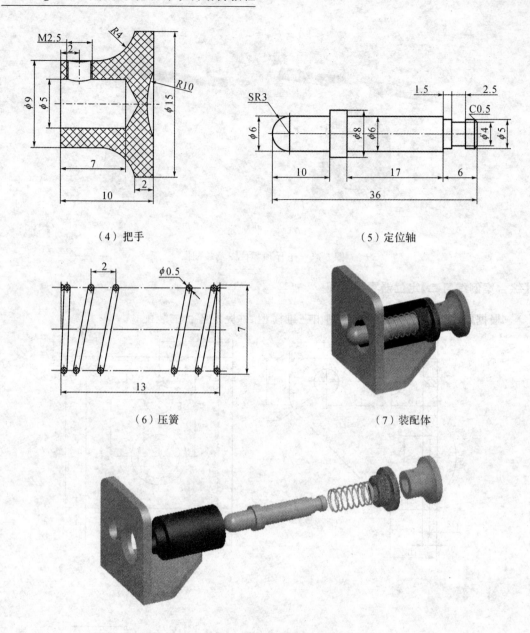

（4）把手

（5）定位轴

（6）压簧

（7）装配体

（8）装配体分解图

图 6-46 定位器零件图及装配图

学习情景 7

工程图绘制

对于大多数形状比较规范的机械零件,如轴套类、盘盖类、箱体类等零件,工程图设计的作用是为了清晰地表达三维零件模型在加工时所需要达到的尺寸加工精度和粗糙度等相关加工信息。Pro /Engineer 提供了强大的工程图设计功能,用户可以直接通过相应的模块来生成三维实体零件相对应的工程图。另外 Pro /Engineer 还可以导入或导出其他系统的绘图文件,如 AutoCAD 文件。

场景 1　工程图图框及标题栏设计

【工程案例一】　A4 标准图框与标题栏制作

完成如图 7-1 所示 A4 图框及标题栏的制作。

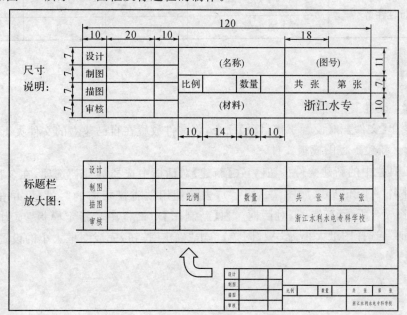

图 7-1　图框与标题栏制作实例

【学习目标】

1. 学习工程图模板文件的制作方法。
2. 学习标题栏的制作方法。
3. 掌握系统配置参数的修改方法。

【工程图图框及标题栏设计分析】

由于各企业有自己的图框和标题栏设计格式和尺寸,因此需要制作一些模板文件供用户调用,以简化工程图的制作过程。

【相关知识点】

1. 国标工程图图框的标准

国标提供了五种基本的图纸幅面:A0(1189×841),A1:841×594,A2:594×420,A3:420×297,A4:297×210。其中 A4 图幅与图框的左边距为 25mm,其余边距为 5mm。

2. 工程图字体要求

表 7-1 字体大小与纸张规格

应用种类	图纸大小	最小字高		
		中文	英文	数字
标题图号件号	A0、A1、A2、A3	7	7	7
	A4	5	5	5
尺寸标注注解	A0	5	3.5	3.5
	A1、A2、A3、A4	3.5	2.5	3.5

【操作步骤】

步骤 1 设置工作目录

单击菜单【文件】→【设置工作目录】命令,将文件放置在自己建立的文件夹下。

步骤 2 新建工程图模板文件

单击工具栏中的新建文件按钮□,在【新建】对话框中选择"绘图"选项,在名称一栏中输入新的文件名"A4muban"(如图 7-2 所示),去除使用缺省模板前的"√"号,单击"确定"按钮,打开如图 7-3 所示【新制图】对话框。在【新制图】对话框中,"指定模板"项为"空",图纸方向为"横向",选择图纸大小为"A4"图幅,单击"确定"按钮,完成图框大小的设置。

图 7-2　【新建】对话框

图 7-3　【新制图】对话框

步骤 3　修改系统配置参数

点击主菜单【文件】→【属性】命令,弹出【文件属性】对话框(图 7-4),单击其中的"绘图选项",弹出【选项】对话框(图 7-5),在"选项"下的输入框中输入"Drawing_text_height",将"值"输入框中的数值"0.15625"改为"3.5",再点击"添加/更改"按钮,完成文本高度的修改。依同样的方式完成其他参数的修改,需要修改的参数如表 7-2 所示。

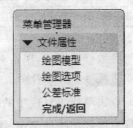

图 7-4　【文件属性】对话框

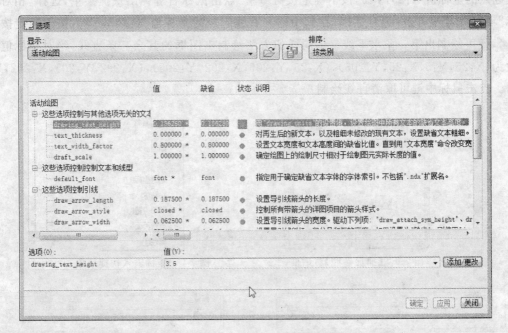

图 7-5　【选项】对话框

表 7-2　需要设置的系统参数

参数名	功能	默认值	修改值
Drawing_units	绘图单位	inch	mm
Projection_type	投影类型	third_angle	first_angle
Tol_display	是否显示公差	No	Yes
Draw_arrow_style	箭头风格	closed	filled
Draw_arrow_length	箭头长度	0.1875	3.5
Draw_arrow_width	箭头宽度	0.0625	1.5
Drawing_text_height	文本高度	0.15625	3.5
Text_orientiation	控制尺寸文本方向	horizontal	parallel_diam_horiz
Axis_line_offset	轴线延伸超出特征的距离	0.1	3
Dim_leader_length	箭头在尺寸界限外侧的尺寸线长度	0.5	10
Circle_axis_offset	圆中心轴的超出长度	0.1	3
Witness_line_delta	尺寸界限在尺寸导引箭头的延伸量	0.125	3
Crossec_arrow_style	剖面箭头的方向	tail_online	head_online
Crossec_arrow_length	剖面箭头的长度	0.1875	3.5
Crossec_arrow_width	剖面箭头的宽度	0.0625	1.5

参数修改完后，单击对话框中的"确定"按钮，退出参数修改状态。

步骤3　制作图框

点击草绘工具栏中的直线绘制按钮＼，关闭【捕捉参照】对话框（如图 7-6 所示）。点击鼠标右键弹出快捷菜单（图 7-7），选择"绝对坐标"项，弹出【绝对坐标】对话框，在其中输入直线起点的坐标值 X：25，Y：5，按下确定按钮 ✔。点击鼠标右键弹出快捷菜单，选择"相对坐标"项，弹出【相对坐标】对话框，在其中输入直线起点的坐标值 X：267，Y：0，按下确定按钮 ✔，便可绘制出第一条水平线。依同样的方法绘制出图框的其余三条直线，绝对坐标值依次为（X：25，Y：5，X：25，Y：205），（X：25，Y：205，X：292，Y：205），（X：292，Y：205，X：292，Y：5）。点击鼠标中键可取消直线绘制。

图 7-6　【捕捉参照】对话框

图 7-7　坐标输入快捷菜单

图 7-8　直线起点坐标输入（绝对坐标）

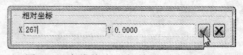

图 7-9　直线终点坐标输入（相对坐标）

步骤 4 制作标题栏

(1)创建表格

单击工具栏中的插入表格按钮▦,打开如图 7-10 所示的菜单管理器,并确定创建表格的方式为"升序"、"左对齐"、"按长度"和"选出点"。

图 7-10 确定表格创建方式

(2)确定表格尺寸

在绘图窗口中任一位置单击鼠标左键放置表格,在如图 7-11 所示信息提示区的输入框中输入表格第一列的宽度 18,单击按钮 ✔,按同样的方法继续输入其他列的宽度 18、10、10、14、10。列输完后单击按钮 ✔,转化为行的尺寸输入,如图 7-12 所示,按同样的方法输入行的高度,依次为 10、7、11。行输完后单击按钮 ✔,在刚才鼠标单击的位置,生成如图 7-13 所示的表格。

➡ 用绘图单位(毫米)输入第一列的宽度[退出] 18| ✔✖

图 7-11 列尺寸输入对话框

➡ 用绘图单位(毫米) 输入第一行的高度[退出] 10   ✔✖

图 7-12 行尺寸输入对话框

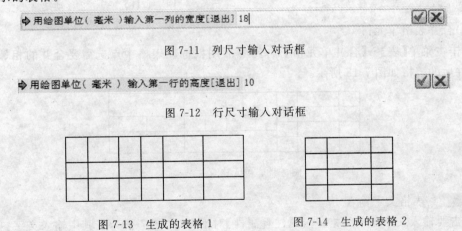

图 7-13 生成的表格 1   图 7-14 生成的表格 2

按同样的方法绘制表格 2,其中列的宽度依次为 10、20、10,行的高度依次为 7、7、7、7。

(3)确定表格的位置

用鼠标框选表格1(表格变为红色),移动鼠标到表格右下角附近,待表格上方出现表格移动标识✛后,右键弹出快捷菜单(如图7-15所示),点击"移动特殊"选项,弹出"移动特殊"对话框(如图7-16),在其中X坐标中输入292,Y坐标中输入5(表格1右下角对齐坐标点),单击"确定"按钮,表格1便可移动到图7-17(a)所示位置。

按同样的方法移动表格2(其中X坐标中输入212,Y坐标中输入5),移动结果如图7-17(b)所示。

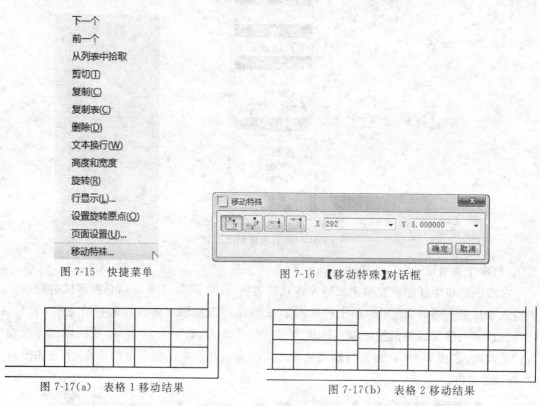

图7-15　快捷菜单　　　　　　　图7-16　【移动特殊】对话框

图7-17(a)　表格1移动结果　　　　图7-17(b)　表格2移动结果

(4)合并表格单元格

点击主菜单【表】→【合并单元格】命令,然后用鼠标在表格中点选需要合并的相邻单元格,合并后的表格如图7-18所示。

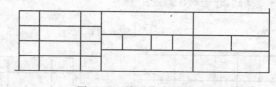

图7-18　单元格合并结果

步骤5　表格文字输入

双击要输入文字的单元格,弹出【注释属性】对话框(如图7-19),在其中输入文字,如"设计",切换到"文本样式"属性页,修改文字高度与文字位置,如图7-20所示。最后制作而成的标题栏如图7-21所示。

图 7-19　【注释属性】对话框

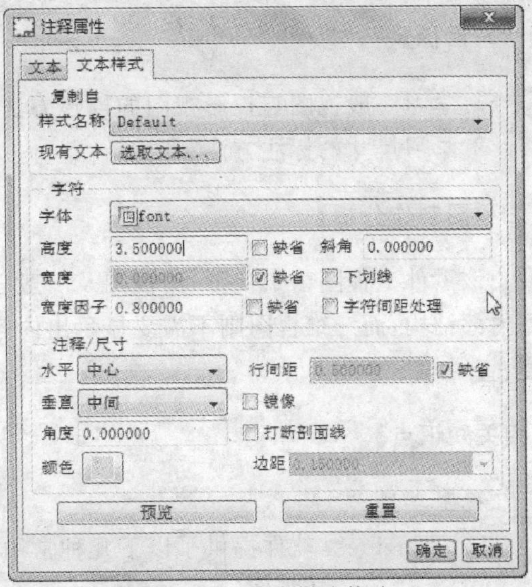

图 7-20　文本样式修改

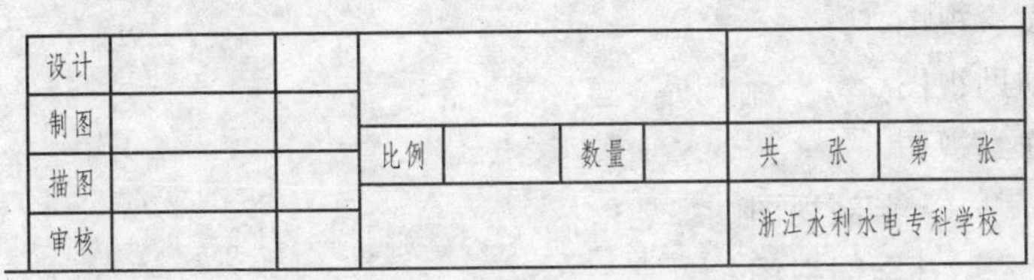

设计								
制图		比例		数量		共 张	第 张	
描图								
审核					浙江水利水电专科学校			

图 7-21　标题栏制作结果

步骤 7　文件保存

单击菜单【文件】→【保存】命令,保存当前模板文件。保存后文件名为 a4muban.drw,其中 drw 为工程图文件的后缀名。然后将其复制到 Pro/E 安装目录文件夹 templates 下,方便系统调用。

场景 2　基本视图创建与尺寸标注

【工程案例二】　套接件的工程图制作

绘制如图 7-22 所示套接件零件的工程图。

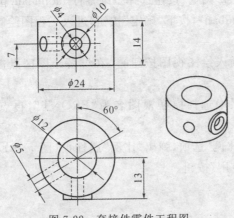

图 7-22　套接件零件工程图

【学习目标】

　　1. 学习一般视图与投影视图的创建方法。
　　2. 学习尺寸的标注方法。

【工程图制作分析】

　　该零件工程图由主视图、俯视图及一般三维视图构成,其中主视图和俯视图需要能够看见内部结构,而三维视图则不需要显示出内容结构。另外视图需要标注水平、竖直、对齐、角度、直径等尺寸。

【相关知识点】

　　视图类型
　　Pro/Engineer 软件提供了以下几种常用视图的创建功能:

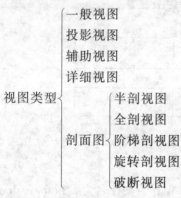

　　一般视图
　　投影视图
　　辅助视图
　　详细视图
视图类型
　　　　　　半剖视图
　　　　　　全剖视图
　　剖面图　阶梯剖视图
　　　　　　旋转剖视图
　　　　　　破断视图

【操作过程】

　　步骤1　设置工作目录
　　单击菜单【文件】→【设置工作目录】命令,将文件放置在自己建立的文件夹下。
　　步骤2　新建工程图
　　单击工具栏中的按钮□,弹出【新建】对话框(图 7-23),在"类型"栏中选中"绘图"选项,在名称中输入文件名"taojiejian",去除使用缺省模板前的"√"号,按下"确定"按钮,弹出【新制图】对话框(图 7-24),通过"浏览"按钮选择三维零件 taojiejian.prt,点击"使用模板"项,通过浏览方式选择模板"a4muban",按下"确定"按钮,进入工程图绘制环境。
　　步骤3　创建主视图
　　① 单击工具栏中的插入绘图视图按钮,在屏幕绘图区点击鼠标左键,弹出【绘图视图】对话框(如图 7-25)。
　　② 在"视图类型"选项中选择模型视图名为"FRONT",再点击对话框下方的"应用"按钮。
　　③ 点击"类别"中的"比例"选项,弹出"比例"属性页(图 7-26),将"定制比例"设置为 2,然后点击对话框下方的"应用"按钮。

图 7-23　"新建"对话框

图 7-24　"新制图"对话框

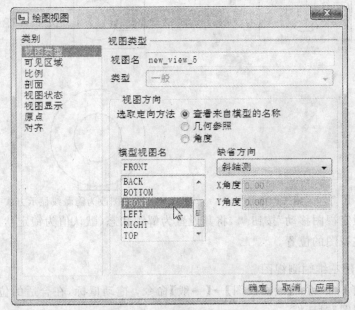

图 7-25　"绘图视图"对话框

④ 点击"类别"中的"视图显示"选项,弹出"视图显示"属性页(图 7-27),将"显示线型"设置为"隐藏线",单击"确定"按钮,结果如图 7-28 所示。

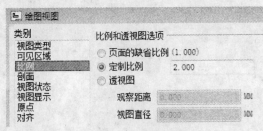

图 7-26　"比例"属性页

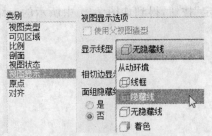

图 7-27　"视图显示"属性页

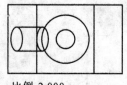

比例 2.000

图 7-28   主视图创建结果

步骤 4   创建俯视图

① 选择菜单【插入】→【绘图视图】→【投影】命令，拖动鼠标，在合适的位置点击鼠标左键，创建出如图 7-29 所示俯视图。

② 双击刚刚创建出的俯视图，弹出绘图视图对话框，修改其中的"视图显示"属性页，将"显示线型"改为"隐藏线"，按下"确定"按钮。

③ 点选工具栏中取消基准显示按钮 ，隐藏基准平面、基准轴、坐标系等，再点击屏幕刷新按钮 ，结果如图 7-30 所示。

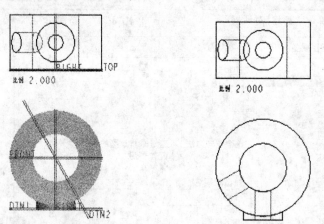

图 7-29   俯视图创建   图 7-30   俯视图改为隐藏线显示方式

注：点击"锁定视图移动"按钮 ，将其设置为解锁状态（默认值为锁定状态，不允许视图移动），可以调整视图的位置。

步骤 5   创建三维轴测视图

① 选择菜单【插入】→【绘图视图】→【一般】命令，拖动鼠标，在合适的位置点击鼠标左键，弹出【绘图视图】对话框。

② 点选【绘图视图】对话框中的"视图显示"属性页，将"显示线型"改为"无隐藏线"。

③ 点击"类别"中的"比例"选项，弹出"比例"属性页，将"定制比例"设置为 2。按下"确定"按钮，得到如图 7-31 中所示的三维视图。

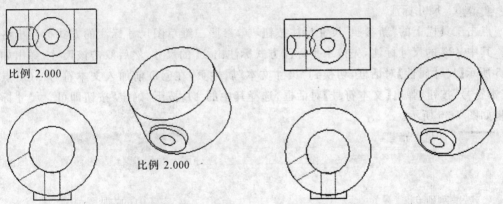

图 7-31　三维轴测图创建结果　　　　　　图 7-32　文字隐藏

注:如果不想让视图中的"比例 2.000"显示出来,可单击选中文字后按住鼠标右键弹出快捷菜单,选择其中的"拭除"项即可,结果如图 7-32 所示。

步骤 6　创建中心轴

点击工具栏上的"显示及拭除"按钮 ![icon],弹出【显示/拭除】对话框(图 7-33),点击显示轴项按钮 ·····A.1,将显示方式设置为"零件",单击任一视图后,按下"选择"对话框中的"确定"按钮,再点击【显示/拭除】对话框中的"关闭"按钮,创建出如图 7-34 所示中心轴。

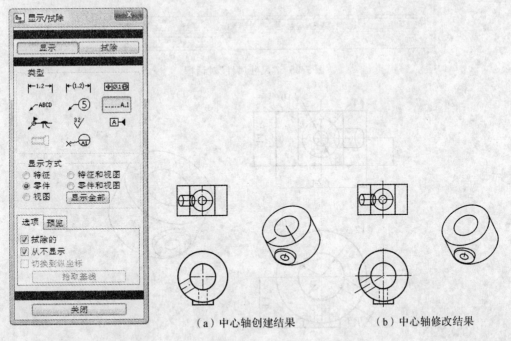

图 7-33　【显示/拭除】对话框　　　　　　　　（a）中心轴创建结果　　　　（b）中心轴修改结果

图 7-34

注:多余的中心轴可以通过拭除方式将其隐藏起来,具体操作步骤为:点击该中心轴,按住鼠标右键弹出快捷菜单,在其中选择"拭除"项即可。中心轴的长度也可调整,具体操作方式为:点击选中该中心轴,然后拖动两个端点即可。

步骤6 尺寸标注

点击工具栏上的"新参照"尺寸标注按钮 ，参照二维草图尺寸标注的方式标注出各尺寸。其中 φ24 的尺寸标注,先按水平标注方式标注出 24 的尺寸,然后双击该尺寸,弹出如图 7-35 所示【尺寸属性】对话框,切换到"尺寸文本"属性页,在@D 前加入文本符号 φ(可点选"文本符号"按钮,弹出【文本符号】对话框,选择其中的 φ),按下"确定"按钮即可。尺寸标注结果如图 7-36 所示。

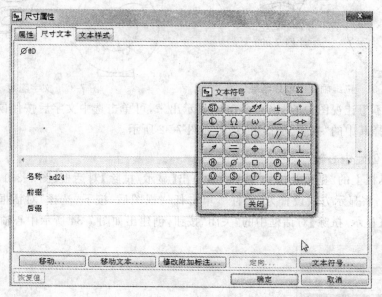

图 7-35 "尺寸属性"对话框

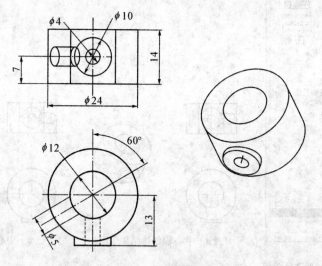

图 7-36 尺寸标注结果

步骤7 填写标题栏

双击要填写的单元格,在其中输入文本,并修改文本高度与位置,具体步骤从略。最终的结果如图 7-37 所示。

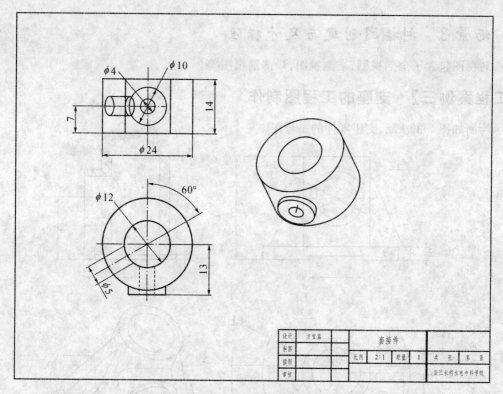

图 7-37　工程图绘制结果

步骤 8　文件保存

单击菜单【文件】→【保存】命令,保存当前工程图文件。

【举一反三】　戒指的工程图制作

绘制如图 7-38 所示戒指的工程图。

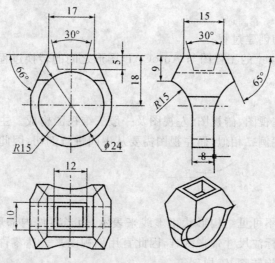

图 7-38　戒指的工程图

场景 3 剖视图创建与尺寸标注

剖视图包含了全剖视图、半剖视图、局部剖视图等。

【工程案例三】 支座的工程图制作

绘制如图 7-39 所示支座零件的工程图。

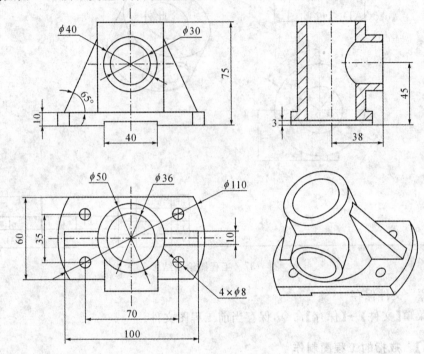

图 7-39 支座零件的工程图

【学习目标】

1. 学习全剖视图的创建过程。
2. 学习 Pro/Engineer 的工程图与 AutoCAD 图形之间的转换过程。

【工程图制作分析】

该零件工程图由主视图、俯视图、左视图及一般三维视图构成。主视图和俯视图需要能够及一般三维视图与案例二相似,而左视图需要从中间进行剖切,因此需要创建全剖视图。

【相关知识点】

1. 剖视图

一般来说,零件上不可见结构形状用虚线来表示,但当零件内部形状复杂时,如果视图虚线过多,会给读图与标注尺寸带来困难,因此宜用剖视图来表达零件内部结构。剖视图包括全剖、半剖、局部剖、旋转剖、阶梯剖等。

2. 全剖视图

全剖视图是使用一个剖切平面将零件完全剖开的视图。

3．CAD软件的转换接口

二维图形绘制最常用的软件是 AutoCAD，其图形绘制速度快，操作方便，功能强大，深受国内外用户的喜爱，但其三维建模能力较弱。Pro/Engineer 软件提供了强大的三维建模功能，而且可以由三维模型转化为二维工程图，但其标注不太方便，最主要是不太符合国家标准，修改起来比较麻烦。如果将这两个软件结合起来，发挥各自的特长，则会达到事半功倍的效果。在 Pro/Engineer 软件中提供了相关的工程图转换接口，可以将工程图文件格式 DRW 转换为 AutoCAD 软件的图形文件格式 DWG。此外 Pro/Engineer 软件还提供了一些三维图形转换格式，如 IGES（曲面格式）、SAT（ACIS 实体格式）等，方便其他软件，如 Solid-works、UGS 等打开在 Pro/Engineer 环境下绘制的图形。

【操作过程】

步骤1　设置工作目录

单击菜单【文件】→【设置工作目录】命令，将文件放置在自己建立的文件夹下。

步骤2　新建工程图

单击工具栏中的按钮□，弹出【新建】对话框，在"类型"栏中选中"绘图"选项，在名称中输入文件名"zhizuo"，去除使用缺省模板前的"√"号，按下"确定"按钮，弹出【新制图】对话框，通过"浏览"按钮选择三维零件 zhizuo. prt，点击"使用模板"项，通过浏览方式选择模板"a4muban"，按下"确定"按钮，进入工程图绘制环境。

步骤3　创建主视图

① 单击工具栏中的插入绘图视图按钮，在屏幕绘图区点击鼠标左键，弹出【绘图视图】对话框。

② 在"视图类型"选项中选择模型视图名为"FRONT"，再点击对话框下方的"应用"按钮。

③ 点击"类别"中的"视图显示"选项，弹出"视图显示"属性页，将"显示线型"设置为"无隐藏线"，单击"确定"按钮，结果如图 7-40 所示。

步骤4　创建俯视图

① 选择菜单【插入】→【绘图视图】→【投影】命令，拖动鼠标，在合适的位置点击鼠标左键，创建出俯视图。

② 双击刚刚创建出的俯视图，弹出【绘图视图】对话框，修改其中的"视图显示"属性页，将"显示线型"改为"无隐藏线"，按下"确定"按钮，结果如图 7-41 所示。

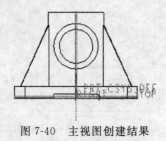

图 7-40　主视图创建结果　　　　图 7-41　俯视图创建结果

步骤5　创建全剖左视图

① 选择菜单【插入】→【绘图视图】→【投影】命令，系统提示选择父视图，用鼠标点选主

视图,然后拖动鼠标,在合适的位置点击鼠标左键,创建出左视图。

② 双击刚刚创建出的左视图,弹出【绘图视图】对话框,修改其中的"视图显示"属性页,将"显示线型"改为"无隐藏线"。

③ 在【绘图视图】对话框中将左边类别切换到"剖面"项,然后将右边"剖面选项"改为"2D 截面"(图 7-42),接着点击下面的添加截面按钮 ✚,弹出【剖截面创建】对话框(图 7-43),接受默认的选择"平面"、"单一",再点击"完成"项,在系统提示区弹出输入截面名称对话框(图 7-44),在其中输入"A"后,单击确定按钮 ✓,弹出选择剖截面对话框(图 7-45),在绘图区俯视图中点选 RIGHT 基准平面,按下"确定"按钮,创建的剖视图如图 7-46 所示。

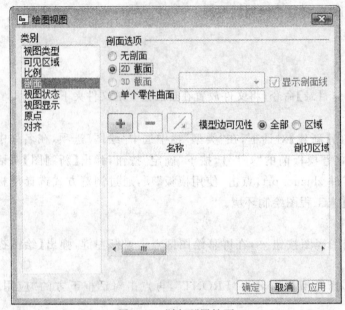

图 7-42 "剖面"属性页

图 7-43 【剖截面创建】对话框

图 7-44 截面名称输入对话框

图 7-45 【设置平面】对话框

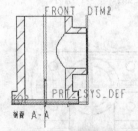

图 7-46 剖视图创建结果

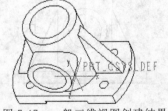

图 7-47 一般三维视图创建结果

步骤 6 创建一般三维视图

① 选择菜单【插入】→【绘图视图】→【一般】命令,拖动鼠标,在合适的位置点击鼠标左

键,创建出一般三维视图。

　　② 双击刚刚创建出的三维视图,弹出【绘图视图】对话框,修改其中的"视图显示"属性页,将"显示线型"改为"无隐藏线",再点击对话框下方的"确定"按钮,结果如图 7-47 所示。

　　③ 点选工具栏中取消基准显示按钮[图标],隐藏基准平面、基准轴、坐标系等,再点击屏幕刷新按钮[图标],视图创建整体结果如图 7-48 所示。

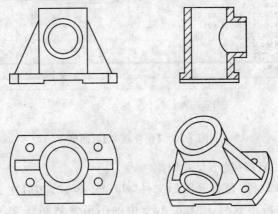

图 7-48　视图创建结果

步骤 7　创建中心轴

　　点击工具栏上的"显示及拭除"按钮[图标],弹出【显示/拭除】对话框,点击显示轴项按钮[图标],将显示方式设置为"视图",单击主视图后,按下"选择"对话框中的"确定"按钮,依次点击俯视图和左视图,按下"选择"对话框中的"确定"按钮,再点击【显示/拭除】对话框中的"关闭"按钮,创建出如图 7-49 所示中心轴。用户可点选中心轴拖动两个端点调整中心轴的长度。

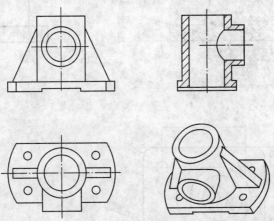

图 7-49　中心轴创建结果

步骤 8　将工程图文件保存为 AutoCAD 图形文件 DWG 格式

　　单击菜单【文件】→【保存副本】命令,在弹出的【保存副本】对话框中"新建名称"栏输入文件名"zhizuo",在"类型"栏中选择"DWG（＊.DWG）"格式,然后按下"确定"按钮,并在弹出的【DWG 的导出环境】对话框中点击"确定"按钮即可。

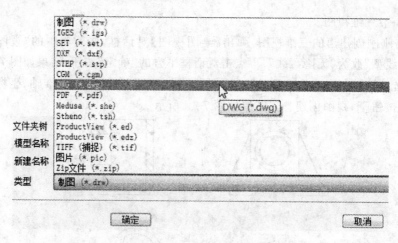

制图 (*.drw)
IGES (*.igs)
SET (*.set)
DXF (*.dxf)
STEP (*.stp)
CGM (*.cgm)
DWG (*.dwg)
PDF (*.pdf)
Medusa (*.she)
Stheno (*.tsh)
ProductView (*.ed)
ProductView (*.edz)
TIFF (捕捉) (*.tif)
图片 (*.pic)
Zip文件 (*.zip)

文件夹树
模型名称
新建名称
类型   制图 (*.drw)

DWG (*.dwg)

确定   取消

图 7-50 【保存副本】对话框

步骤 9 在 AutoCAD 环境下尺寸标注

先打开 AutoCAD 软件,再打开图形文件"zhizuo.dwg",然后在 AutoCAD 环境下新建一个文件,并通过剪贴板形式将 zhizuo.dwg 中的图形复制到新文件中,再进行尺寸标注(注:如果不做这一步,原有的标注样式将很难得到修改),结果如图 7-39 所示。

【举一反三】 固定座零件的工程图制作

绘制如图 7-51 所示固定座零件的工程图。

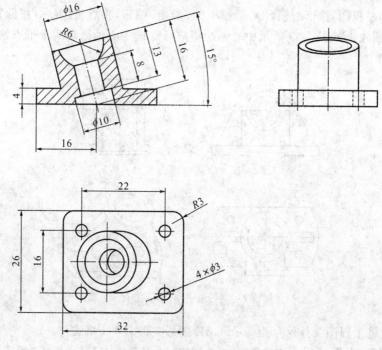

图 7-51 固定座零件工程图

【工程案例四】　轴承内圈的工程图制作

绘制如图 7-52 所示轴承内圈零件的工程图。

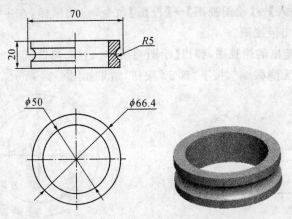

图 7-52　轴承内圈零件工程图

【学习目标】

学习半剖视图的创建过程。

【工程图制作分析】

该零件工程图由主视图、俯视图构成,其中主视图不仅需要表达外部结构,同时需要表达内部结构,因此需要创建半剖视图。

【相关知识点】

半剖视图
半剖视图是使用剖切平面将零件半剖开的视图,主要适用于缸体类零件。

【操作过程】

步骤1　设置工作目录
单击菜单【文件】→【设置工作目录】命令,将文件放置在自己建立的文件夹下。

步骤2　新建工程图
单击工具栏中的按钮□,弹出【新建】对话框,在"类型"栏中选中"绘图"选项,在名称中输入文件名"neiquan",去除使用缺省模板前的"√"号,按下"确定"按钮,弹出【新制图】对话框,通过"浏览"按钮选择三维零件 neiquan. prt,点击"使用模板"项,通过浏览方式选择模板"a4muban"(注:如果用户没有自己创建模板,也可选择系统自带的模板"a4_drawing"),按下"确定"按钮,进入工程图绘制环境。

步骤3　创建主视图
① 单击工具栏中的插入绘图视图按钮┗┒,在屏幕绘图区点击鼠标左键,弹出【绘图视图】对话框。
② 在"视图类型"选项中选择模型视图名为"FRONT",再点击对话框下方的"应用"按钮。

③ 点击"类别"中的"视图显示"选项,弹出"视图显示"属性页,将"显示线型"设置为"无隐藏线",单击"确定"按钮,结果如图 7-53 所示。

步骤4 创建俯视图

① 选择菜单【插入】→【绘图视图】→【投影】命令,拖动鼠标,在主视图下方合适的位置点击鼠标左键,创建出俯视图。

② 双击刚刚创建出的俯视图,弹出【绘图视图】对话框,修改其中的"视图显示"属性页,将"显示线型"改为"无隐藏线",按下"确定"按钮,结果如图 7-54 所示。

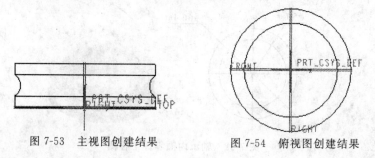

图 7-53 主视图创建结果   图 7-54 俯视图创建结果

步骤5 主视图修改为半剖视图

① 双击主视图,弹出【绘图视图】对话框,修改其中的"视图显示"属性页,将"显示线型"改为"无隐藏线"。

② 在【绘图视图】对话框中将左边类别切换到"剖面"项,然后将右边"剖面选项"改为"2D截面",接着点击下面的添加截面按钮 ➕ ,弹出【剖截面创建】对话框,接受默认的选择"平面"、"单一",再点击"完成"项,在系统提示区弹出输入截面名称对话框,在其中输入"B"后,单击确定按钮 ✔ ,弹出选择剖截面对话框,在绘图区俯视图中点选 FRONT 基准平面,系统返回【绘图视图】对话框,将"剖切区域"改为"一半"(图 7-55),系统提示"为半截面创建选取参照平面",在绘图区点选 RIGHT 基准平面,接受默认的方向选择(图 7-56),按下"确定"按钮。

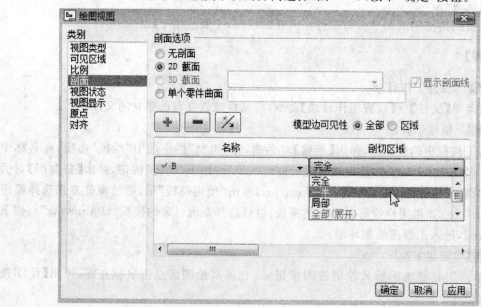

图 7-55 【绘图视图】对话框

③ 点选工具栏中取消基准显示按钮 ，隐藏基准平面、基准轴、坐标系等，再点击屏幕刷新按钮 ，视图创建整体结果如图 7-57 所示。

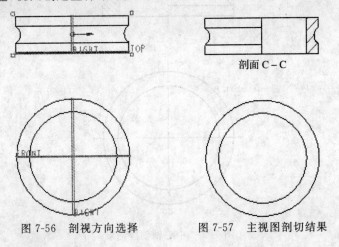

图 7-56 剖视方向选择   图 7-57 主视图剖切结果

步骤 6 修改剖面线的间距

双击剖视图中的剖面线，弹出【修改剖面线】对话框（图 7-58），依次选择其中的"X 元件"、"间距"、"剖面线"、"整体"、"一半"、"完成"等选项，修改后的剖面线如图 7-59 所示。

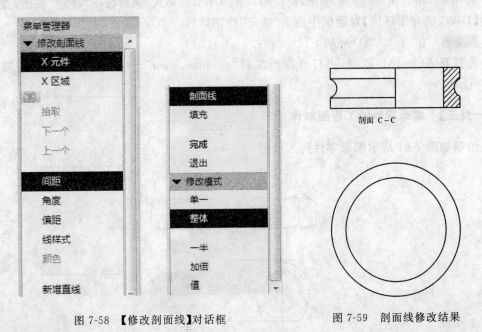

图 7-58 【修改剖面线】对话框   图 7-59 剖面线修改结果

步骤 7 创建中心轴

点击工具栏上的"显示及拭除"按钮 ，弹出【显示/拭除】对话框，点击显示轴项按钮 ，将显示方式设置为"零件"，单击任一视图后，按下"选择"对话框中的"确定"按钮，再点击【显示/拭除】对话框中的"关闭"按钮，创建出如图 7-60 所示中心轴。用户可点选中心轴拖动两个端点调整中心轴的长度。

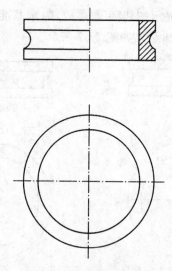

图 7-60　中心轴创建结果

步骤8　将工程图文件保存为 AutoCAD 图形文件 DWG 格式

单击菜单【文件】→【保存副本】命令,在弹出的【保存副本】对话框中"新建名称"栏输入文件名"neiquan",在"类型"栏中选择"DWG(＊.DWG)"格式,然后按下"确定"按钮,并在弹出的【DWG 的导出环境】对话框中点击"确定"按钮即可。

步骤9　在 AutoCAD 环境下尺寸标注

先打开 AutoCAD 软件,再打开图形文件"neiquan.dwg",在其中标注尺寸,结果如图7-52所示。

【举一反三】　螺母零件的工程图制作

绘制如图 7-61 所示螺母零件的工程图。

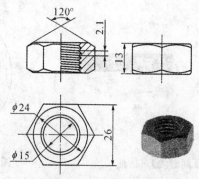

图 7-61　螺母工程图绘制

【工程案例五】　连接套零件的工程图制作

绘制如图 7-62 所示连接套零件的工程图。

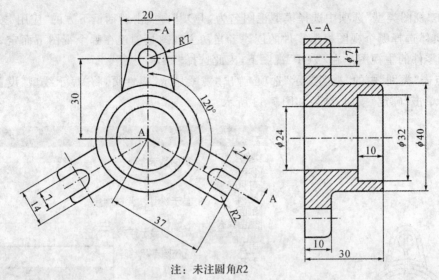

注：未注圆角R2

图 7-62 连接套零件工程图

【学习目标】

学习旋转剖视图的创建过程。

【工程图制作分析】

该零件工程图由主视图和左视图构成，由于要表达孔和凸台的内部结构，因此需要采用旋转剖的方法。

【相关知识点】

旋转剖视图

旋转剖视图是绕某个轴展开的区域剖面视图，系统绕选定的轴旋转某一偏移剖面的所有切割平面，直到这些切割平面与屏幕平行为止。这种视图的创建需要用户自定义剖截面。

【操作过程】

步骤1 设置工作目录

单击菜单【文件】→【设置工作目录】命令，将文件放置在自己建立的文件夹下。

步骤2 新建工程图

单击工具栏中的按钮▯，弹出【新建】对话框，在"类型"栏中选中"绘图"选项，在名称中输入文件名"lianjt"，去除使用缺省模板前的"√"号，按下"确定"按钮，弹出【新制图】对话框，通过"浏览"按钮选择三维零件 lianjt.prt，点击"使用模板"项，通过浏览方式选择模板"a4muban"（注：如果用户没有自己创建模板，也可选择系统自带的模板"a4_drawing"），按下"确定"按钮，进入工程图绘制环境。

步骤3 创建主视图

① 单击工具栏中的插入绘图视图按钮▱，在屏幕绘图区点击鼠标左键，弹出【绘图视图】对话框。

② 在"视图类型"选项中选择模型视图名为"TOP"再点击对话框下方的"应用"按钮。

注:具体选择哪个视图根据零件的创建者当初主视图是创建在哪个视图下而定,因为这里创建的零件的主视图是在"TOP"视图下,因此选择"TOP"视图。

③ 点击"类别"中的"视图显示"选项,弹出"视图显示"属性页,将"显示线型"设置为"无隐藏线",单击"确定"按钮,结果如图 7-63 所示。

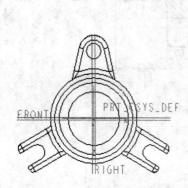

图 7-63 主视图创建结果 1

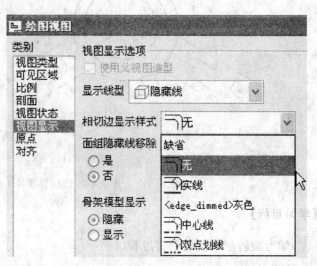

图 7-64 "视图显示"项修改

④ 从图 7-63 看出,Pro/E 生成的主视图有多余的圆角线,因此要把多余的圆角线删除。方法是:双击刚刚创建出的主视图,弹出【绘图视图】对话框(图 7-64),修改其中的"视图显示"属性页,将相切边显示样式从"实线"改为"无",按下"确定"按钮,结果如图 7-65 所示。

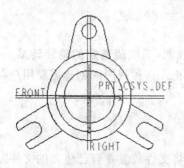

图 7-65 主视图创建结果 2

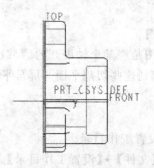

图 7-66 左视图创建结果

步骤 4 创建左视图

① 选择菜单【插入】→【绘图视图】→【投影】命令,拖动鼠标,在主视图右方合适的位置点击鼠标左键,创建出左视图。

② 双击刚刚创建出的左视图,弹出【绘图视图】对话框,修改其中的"视图显示"属性页,将"显示线型"改为"隐藏线","相切边显示样式"改为"无",按下"确定"按钮,结果如图 7-66 所示。

步骤 5 左视图修改为旋转剖视图

① 先在零件模型中自定义剖截面,打开"lianjt"零件,在"视图"下拉菜单选择"视图管理器"命令,如图 7-67 所示。

②　在跳出的"视图管理器"对话框中选择"X 截面"选项,点击"新建"按钮,在"名称"列表框中就会多出一个默认名称为"Xsec0001"的文本框,将该名称改为"A",如图 7-68 所示。

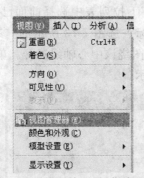

图 7-67　"视图管理器"菜单选择　　　　图 7-68　"视图管理器"对话框

③按回车键确认后,会跳出"剖截面创建"菜单管理器,因为这里剖切面不是单一平面,因此选择"偏距"、"双侧"、"单一"选项,如图 7-69 所示。

④单击完成后,跳出图 7-70 所示"设置草绘平面"菜单管理器,选择要绘制图 7-62 所示的 A－A 轴线所在的平面,这里选为"TOP"平面,其他按缺省设置,进入草绘环境(图 7-71)。

图 7-69"剖截面创建"菜单管理器　　　　图 7-70　"设置草绘平面"菜单管理器

⑤绘制两条剖切线,如图 7-72 所示。

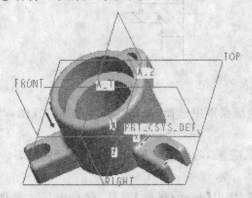

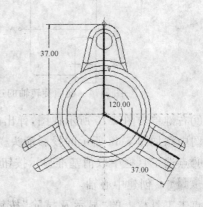

图 7-71　草绘面选择　　　　　　　　图 7-72　剖切线的绘制

⑥单击 ✔ 退出草绘环境,关闭"视图管理器"对话框。

⑦切换到"lianjt"工程图环境中,双击前面已创建的左视图,弹出【绘图视图】对话框,修改其中的"视图显示"属性页,将"显示线型"改为"无隐藏线"。

⑧在【绘图视图】对话框中将左边类别切换到"剖面"项,然后将右边"剖面选项"改为"2D截面",接着点击下面的添加截面按钮 ✚,在"名称"下拉列表中选择前面已经创建的"A"剖面,"剖切区域"选择"全部(对齐)",如图 7-73。鼠标点选图 7-73 所示的"参照"中"选取轴"选项,选择左视图的中心轴线,如图 7-74,表示剖视图绕该中心轴线展开。单击确定退出"绘图视图"对话框,结果左视图剖切结果如图 7-75 所示。

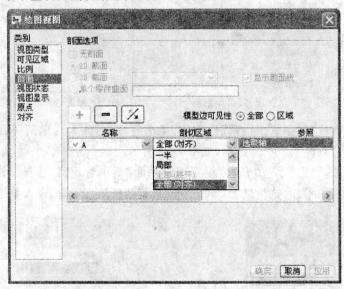

图 7-73 【绘图视图】对话框

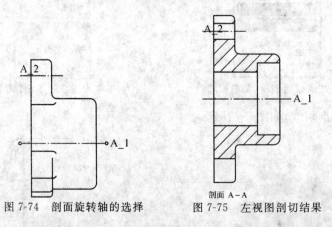

图 7-74 剖面旋转轴的选择   图 7-75 左视图剖切结果

⑨右键单击图 7-75 所示视图,弹出的快捷菜单中选择"添加箭头",选择主视图,此时在主视图中添加图 7-62 所示的投影箭头。

⑩点选工具栏中取消基准显示按钮 ⬛⬛⬛⬛,隐藏基准平面、基准轴、坐标系等。

步骤6 创建中心轴

点击工具栏上的"显示及拭除"按钮 ⬛,弹出【显示/拭除】对话框,点击显示轴项按钮

⋯⋯A1，将显示方式设置为"视图"，单击主视图后，按下"选择"对话框中的"确定"按钮，再点击旋转剖视图，按下"选择"对话框中的"确定"按钮，再点击【显示/拭除】对话框中的"关闭"按钮。最终的主视图和旋转剖视图如图 7-76 所示。

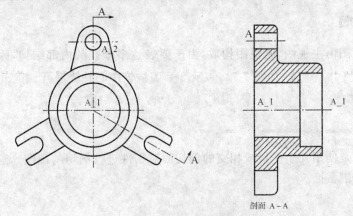

图 7-76 最终视图

步骤 7 将工程图文件保存为 AutoCAD 图形文件 DWG 格式

单击菜单【文件】→【保存副本】命令，在弹出的【保存副本】对话框中"新建名称"栏输入文件名"lianjt"，在"类型"栏中选择"DWG(＊.DWG)"格式，然后按下"确定"按钮，并在弹出的【DWG 的导出环境】对话框中点击"确定"按钮即可。

步骤 9 在 AutoCAD 环境下尺寸标注

先打开 AutoCAD 软件，再打开图形文件"lianjt.dwg"，在其中标注尺寸，并加上缺少的中心线，结果如图 7-62 所示。

【工程案例六】 落料凹模零件的工程图制作

绘制如图 7-77 所示落料凹模零件的工程图。

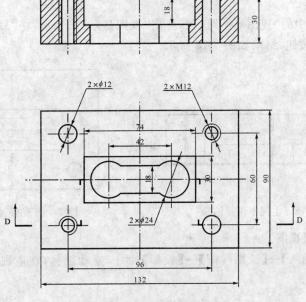

图 7-77 落料凹模零件工程图

【学习目标】

学习阶梯剖视图的创建过程。

【工程图制作分析】

该零件工程图由主视图、俯视图构成,由于要表达多个孔的内部结构,因此采用了阶梯剖的方法。

【相关知识点】

阶梯剖视图

阶梯剖视图是使用几个平行或相交的剖切面对零件进行剖切的视图。这种视图的创建需要用户自定义剖截面。

【操作过程】

步骤1 设置工作目录

单击菜单【文件】→【设置工作目录】命令,将文件放置在自己建立的文件夹下。

步骤2 新建工程图

单击工具栏中的按钮 ,弹出【新建】对话框,在"类型"栏中选中"绘图"选项,在名称中输入文件名"luolaom",去除使用缺省模板前的"√"号,按下"确定"按钮,弹出【新制图】对话框,通过"浏览"按钮选择三维零件 luolaom.prt,点击"使用模板"项,通过浏览方式选择模板"a4muban"(注:如果用户没有自己创建模板,也可选择系统自带的模板"a4_drawing"),按下"确定"按钮,进入工程图绘制环境。

步骤3 创建主视图

① 单击工具栏中的插入绘图视图按钮 ,在屏幕绘图区点击鼠标左键,弹出【绘图视图】对话框。

② 在"视图类型"选项中选择模型视图名为"FRONT"再点击对话框下方的"应用"按钮。

③ 点击"类别"中的"视图显示"选项,弹出"视图显示"属性页,将"显示线型"设置为"隐藏线",单击"确定"按钮,结果如图 7-78 所示。

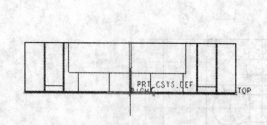

图 7-78 主视图创建结果

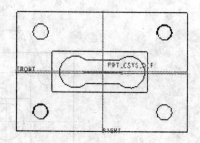

图 7-79 俯视图创建结果

步骤4 创建俯视图

① 选择菜单【插入】→【绘图视图】→【投影】命令,拖动鼠标,在主视图下方合适的位置

点击鼠标左键,创建出俯视图。

② 双击刚刚创建出的俯视图,弹出【绘图视图】对话框,修改其中的"视图显示"属性页,将"显示线型"改为"隐藏线",按下"确定"按钮,结果如图 7-79 所示。

步骤 5　俯视图修改为阶梯剖视图

① 先在零件模型中自定义剖截面,打开"luolaomo"零件,在"视图"下拉菜单选择"视图管理器"命令,如图 7-80(a)所示。

② 在跳出的"视图管理器"对话框中选择"X 截面"选项,点击"新建"按钮,在"名称"列表框中就会多出一个默认名称为"Xsec0001"的文本框,将该名称改为"D",如图 7-80(b)所示。

（a）"视图管理器"菜单选择

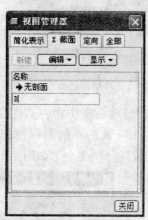

（b）"视图管理器"对话框

图 7-80

③按回车键确认后,会跳出"剖截面创建"菜单管理器,因为这里剖切面不是单一平面,因此选择"偏距"、"双侧"、"单一"选项,如图 7-81 所示。

④单击完成后,跳出图 7-82 所示"设置草绘平面"菜单管理器,选择"TOP"平面,其他按缺省设置,进入草绘环境(图 7-83)。

图 7-81　"剖截面创建"菜单管理器　　　图 7-82　"设置草绘平面"菜单管理器

⑤绘制五条剖切线,如图 7-84 所示。

⑥单击✔退出草绘环境,关闭"视图管理器"对话框。

⑦切换到"luolaom"工程图环境中,双击前面已创建的俯视图,弹出【绘图视图】对话框,修改其中的"视图显示"属性页,将"显示线型"改为"隐藏线"。

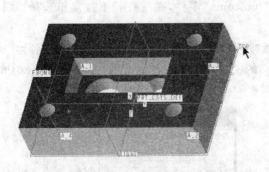

图 7-83　草绘面选择

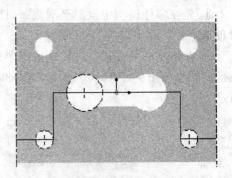

图 7-84　剖切线的绘制

⑧ 在【绘图视图】对话框中将左边类别切换到"剖面"项,然后将右边"剖面选项"改为"2D 截面",接着点击下面的添加截面按钮 ➕,在"名称"下拉列表中选择前面已经创建的"D"剖面,"剖切区域"选择"完全",如图 7-85 所示。

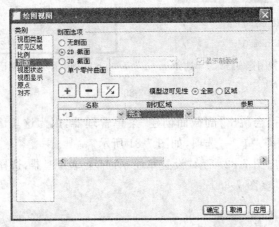

图 7-85　【绘图视图】对话框

⑨单击确定退出"绘图视图"对话框,结果主视图剖切结果如图 7-86 所示。

剖面 D – D

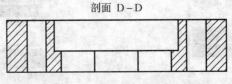

图 7-86　主视图阶梯剖结果

⑩右键单击图 7-86 所示视图,弹出的快捷菜单中选择"添加箭头",选择主视图,此时在主视图中添加 7-87 所示的投影箭头。

⑪点选工具栏中取消基准显示按钮 　　　　　,隐藏基准平面、基准轴、坐标系等。

步骤 6 创建中心轴

点击工具栏上的"显示及拭除"按钮 ，弹出【显示/拭除】对话框，点击显示轴项按钮 ----A.1 ，将显示方式设置为"视图"，单击主视图后，按下"选择"对话框中的"确定"按钮，再点击旋转剖视图，按下"选择"对话框中的"确定"按钮，再点击【显示/拭除】对话框中的"关闭"按钮。最终的主视图和阶梯剖视图如图 7-87 所示。

步骤 7 将工程图文件保存为 AutoCAD 图形文件 DWG 格式

单击菜单【文件】→【保存副本】命令，在弹出的【保存副本】对话框中"新建名称"栏输入文件名"luo-olaomo"，在"类型"栏中选择"DWG（＊.DWG）"格式，然后按下"确定"按钮，并在弹出的【DWG 的导出环境】对话框中点击"确定"按钮即可。

步骤 9 在 AutoCAD 环境下尺寸标注

先打开 AutoCAD 软件，再打开图形文件"luo-laom"，在其中标注尺寸，并做适当的修改和调整，结果如图 7-77 所示。

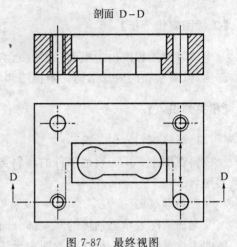

剖面 D–D

图 7-87 最终视图

场景 4 其他视图的创建

【工程案例七】 支架零件的工程图制作

绘制如图 7-88 所示支架零件的工程图。

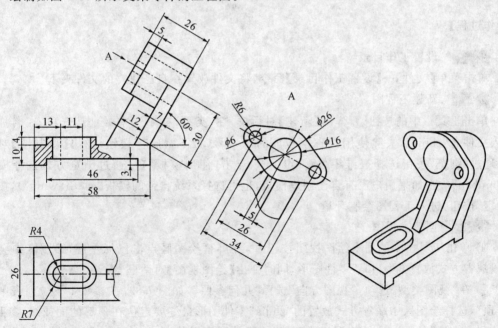

图 7-88 支架零件工程图

【学习目标】

    1.学习局部视图的创建过程。

    2.学习局部剖视图的创建过程。

    3.学习斜视图的创建过程。

【工程图制作分析】

    该零件工程图由主视图、俯视图、斜视图及一般三维视图构成,其中主视图需要进行局部剖,以观察孔的内部结构。俯视图和斜视图均需要创建局部视图。

【相关知识点】

    1.斜视图

    斜视图主要用于表达零件的倾斜部分,因为它在基本投影面上投影不能反映零件的真实形状。

    2.局部视图

    局部视图表示将物体的某一部分向基本投影面投射所得的视图。局部视图适用于当物体的主体形状已由一组基本视图表示清楚,而只有局部形状尚需进一步表达的场合。

    3.局部剖视图

    局部剖视图是用剖切平面局部地剖开机件所得的视图。局部剖视图是一种灵活的表达方法,用剖视的部分表达机件的内部结构,不剖的部分表达机件的外部形状。局部视图常用于轴、连杆、手柄等实心零件上有小孔、槽、凹坑等局部结构需要表达其内形的零件。

【操作过程】

    步骤1　设置工作目录

    单击菜单【文件】→【设置工作目录】命令,将文件放置在自己建立的文件夹下。

    步骤2　新建工程图

    单击工具栏中的按钮□,弹出【新建】对话框,在"类型"栏中选中"绘图"选项,在名称中输入文件名"zhijia",去除使用缺省模板前的"√"号,按下"确定"按钮,弹出【新制图】对话框,通过"浏览"按钮选择三维零件 zhijia.prt,点击"使用模板"项,通过浏览方式选择模板"a4muban"(注:如果用户没有自己创建模板,也可选择系统自带的模板"a4_drawing"),按下"确定"按钮,进入工程图绘制环境。

    步骤3　创建主视图

    ① 单击工具栏中的插入绘图视图按钮，在屏幕绘图区点击鼠标左键,绘图区中会出现以缺省方式放置的"zhijia"零件图形,同时弹出【绘图视图】对话框。

    ② 在"视图类型"选项,"视图方向"选择"几何参照",如图 7-89,在参照 1 下拉列表中选择"顶",选择绘图区中缺省方式放置的"zhijia"零件图形最终要定位在顶部的面或线;参照 2 下拉列表中选择"左",选择绘图区中"zhijia"零件图形最终要定位在左侧的面或线,再点击对话框下方的"应用"按钮。

    注:参照是作为主视图的定位方向的,可以选择顶、底、前、后、左、右等,可以任选一种

参照。

③ 点击"类别"中的"视图显示"选项,弹出"视图显示"属性页,将"显示线型"设置为"隐藏线","相切边显示样式"设置为"无",单击"确定"按钮,取消基准显示按钮 ,结果如图 7-89 所示。

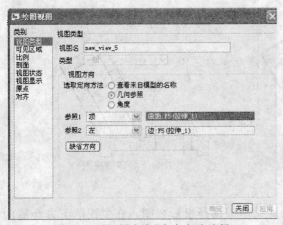

图 7-89 "视图方向"定向方法选择

图 7-90 主视图创建结果

步骤 4 **主视图修改为局部剖视图**

① 双击步骤 3 已建好的主视图(图 7-90),弹出【绘图视图】对话框,将左边类别切换到"剖面"项,然后将右边"剖面选项"改为"2D 截面",接着点击下面的添加截面按钮,弹出【剖截面创建】对话框,接受默认的选择"平面"、"单一",再点击"完成"项,在系统提示区弹出输入截面名称对话框,在其中输入"A"后,单击确定按钮,弹出选择剖截面对话框,在绘图区中点选 FRONT 基准平面(局部剖所在的平面,具体依零件创建时的参照面选择而定)。

② 系统返回【绘图视图】对话框,将"剖切区域"改为"局部"(图 7-91),系统提示"选取截面间断的中心点",在绘图区需要局部剖的中间位置的几何图元上左键单击,在绘图区即出现一中心点(图 7-92)。

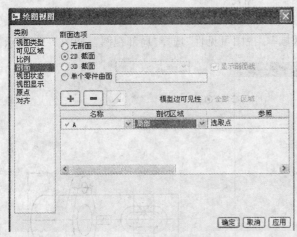

图 7-91 "绘图视图"剖面选择

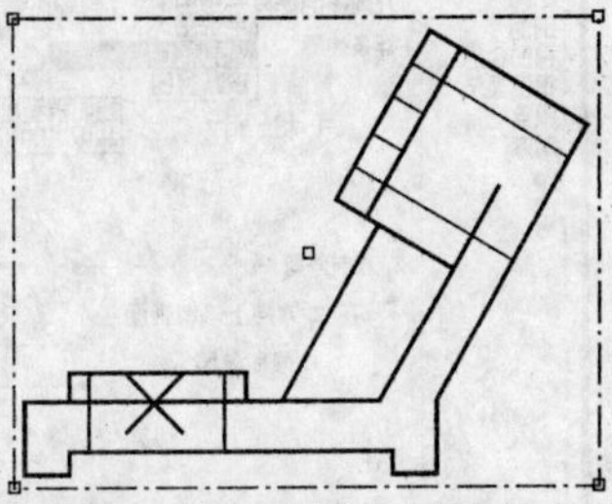

图 7-92 绘制截面间断的中心点

③ 此时系统提示"草绘样条,不相交其他样条,来定义一轮廓线",在绘图区中需要局部

剖的区域左键点选样条曲线经过的点,便在需要局部剖的区域绘制出一圈轮廓线(图 7-93)。

④ 在【绘图视图】对话框中单击"确定",便在绘图区中创建一局部剖视图,用前面介绍的方法显示轴线及拭除多余的边线,最终局部剖视图如图 7-94。

注:若视图中有显示轴名称,可以通过配置选项 display_axis_tags ,设置其值为"no"即可隐藏轴名称。

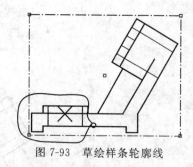

图 7-93　草绘样条轮廓线

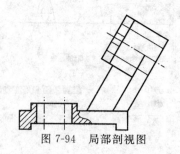

图 7-94　局部剖视图

步骤 5　创建俯视图

① 选择主视图,右键单击弹出的快捷菜单中选择投影视图。在主视图下方合适的位置点击鼠标左键,创建出俯视图。

② 双击刚刚创建出的俯视图,弹出【绘图视图】对话框,修改其中的"视图显示"属性页,将"显示线型"改为"无隐藏线","相切边显示样式"改为"无",单击"应用"。

③显示中心轴线并调整轴线长度,隐藏基准面、点、轴、坐标系,最终俯视图如图 7-95。

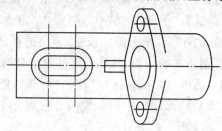

图 7-95　俯视图

步骤 6　将俯视图更改为局部视图

①【绘图视图】对话框切换到"可见区域","视图可见性"选择"局部视图",如图 7-96 所示。

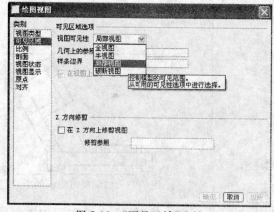

图 7-96　"可见区域"选择

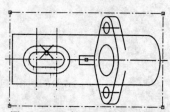

图 7-97　几何上的参照点选择

②系统提示选择"几何上的参照点",在绘图区俯视图上选择一参照点,如图 7-97。

③系统提示选择"绘制样条边界",在绘图区中左键点选样条曲线经过的点,便绘制出一圈轮廓线(图 7-98)。

注:此轮廓线所圈选的区域为局部视图,因此绘制样条曲线时注意鼠标点选的位置。

④单击"确定"退出【绘图视图】对话框,生成局部视图如图 7-99 所示。

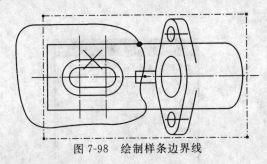

图 7-98　绘制样条边界线

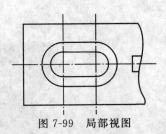

图 7-99　局部视图

步骤 7　创建斜视图

① 选择菜单【插入】→【绘图视图】→【辅助】命令,系统提示"在主视图上选取穿过前侧曲面的轴或作为基准曲面的前侧曲面的基准平面",选择图 7-100 所示的轴线,拖动鼠标,在主视图右下角合适的位置点击鼠标左键,创建出斜视图。

② 双击刚刚创建出的斜视图,弹出【绘图视图】对话框,修改其中的"视图显示"属性页,将"显示线型"改为"无隐藏线",按下"确定"按钮。

③显示轴线,隐藏基准面、轴、点、坐标系,结果如图 7-101 所示。

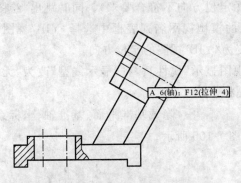

A_6(轴): F12(拉伸_4)

图 7-100　选取穿过前侧曲面的轴

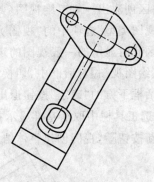

图 7-101　斜视图

步骤 7　将斜视图改为局部斜视图

方法如步骤 6,这里不再赘述,最终结果如图 7-102。

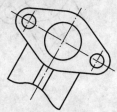

图 7-102　局部斜视图

步骤8 创建一般三维视图

① 打开支架零件图,调整零件的位置至合适的位置,如图 7-103。

②选择菜单【视图】→【视图管理器】命令,在弹出的"视图管理器"对话框中,选择"定向"选项,单击"新建"按钮,在名称列表框中多出一行名为"View0001"的文本,将该名称改为"YIB",如图 7-104 所示,按回车键确认,此时便建立了图 7-103 所示定位方向的名称为"YIB"视图。

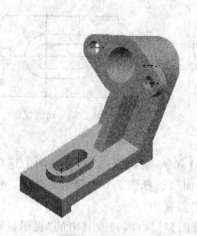

图 7-103 调整零件位置   图 7-104 "视图管理器"对话框

③选择菜单【插入】→【绘图视图】→【一般】命令,移动鼠标,在合适的位置点击鼠标左键,在绘图区创建出一般三维视图(此视图定位方向不符合要求)。同时跳出"绘图视图"对话框,在"视图类型"选项中的"视图方向"的模型视图名列表框中选择"YIB"视图,单击"应用",绘图区此时显示的一般视图的定位变为"YIB"视图的定位方向。

④在【绘图视图】对话框中,切换到"视图显示"属性页,将"显示线型"改为"无隐藏线",再点击对话框下方的"确定"按钮退出对话框。

⑤ 点选工具栏中取消基准显示按钮 ,隐藏基准平面、基准轴、坐标系等,再点击屏幕刷新按钮 ,视图创建整体结果如图 7-105 所示。

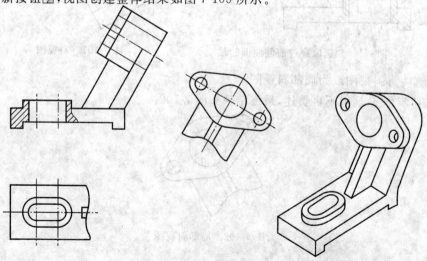

图 7-105 视图创建整体结果

步骤 9 将工程图文件保存为 AutoCAD 图形文件 DWG 格式

单击菜单【文件】→【保存副本】命令，在弹出的【保存副本】对话框中"新建名称"栏输入文件名"zhijia"，在"类型"栏中选择"DWG(* .DWG)"格式，然后按下"确定"按钮，并在弹出的【DWG 的导出环境】对话框中点击"确定"按钮即可。

步骤 10 在 AutoCAD 环境下尺寸标注

先打开 AutoCAD 软件，再打开图形文件"zhijia"，在其中标注尺寸，并适当的调整和修改，结果如图 7-88 所示。

【工程案例八】 轴零件的工程图制作

绘制如图 7-106 所示轴零件的工程图。

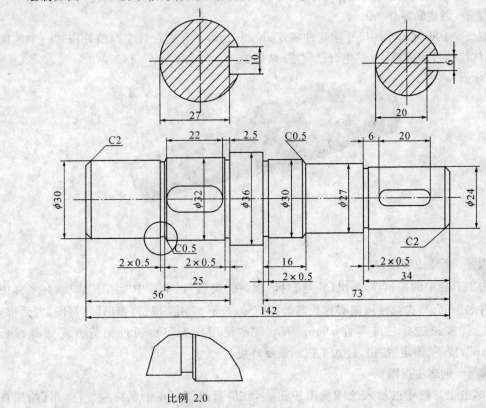

比例 2.0

图 7-106 轴零件工程图

【学习目标】

1. 学习局部放大视图的创建过程。

2. 学习轴截面图（断面图）的创建过程。

【工程图制作分析】

该零件工程图由主视图、轴截面图及局部放大视图构成。主视图创建较为简单，而轴截面图则需要先创建右视图，然后将其修改为轴截面图。局部放大视图是通过创建详细视图而成。

【相关知识点】

1. 断面图

假想用剖切面将零件的某处切断,仅画出该剖切面与零件相接触部分的图形。

2. 详细视图

详细视图用于显示局部细节的部分,也称局部放大视图。

【操作过程】

步骤1 设置工作目录

单击菜单【文件】→【设置工作目录】命令,将文件放置在自己建立的文件夹下。

步骤2 创建轴零件

根据图 7-106 所示零件尺寸创建轴零件 zhouv.prt,并分别在每个键槽处添加一个辅助平面,具体操作过程简略,由学生自己完成,结果如图 7-107 所示。

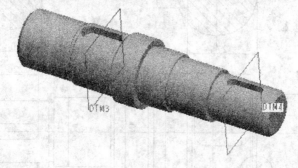

图 7-107　轴零件

步骤3 新建工程图

单击工具栏中的按钮□,弹出【新建】对话框,在"类型"栏中选中"绘图"选项,在名称中输入文件名"zhou",去除使用缺省模板前的"√"号,按下"确定"按钮,弹出【新制图】对话框,通过"浏览"按钮选择三维零件 zhou.prt,点击"使用模板"项,通过浏览方式选择模板"a4muban",按下"确定"按钮,进入工程图绘制环境。

步骤4 创建主视图

① 单击工具栏中的插入绘图视图按钮🔛,在屏幕绘图区点击鼠标左键,弹出【绘图视图】对话框。

② 在"视图类型"选项中选择模型视图名为"FRONT",再点击对话框下方的"应用"按钮。

③ 点击"类别"中的"视图显示"选项,弹出"视图显示"属性页,将"显示线型"设置为"无隐藏线",单击"确定"按钮,结果如图 7-108 所示。

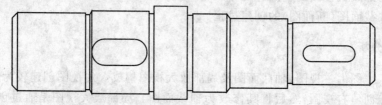

图 7-108　主视图创建结果

步骤5　创建轴截面视图 1

① 选择菜单【插入】→【绘图视图】→【投影】命令,拖动鼠标,在合适的位置点击鼠标左键,创建出左视图。

② 双击刚刚创建出的左视图,弹出【绘图视图】对话框,修改其中的"视图显示"属性页,将"显示线型"改为"无隐藏线",按下"确定"按钮。

③ 在【绘图视图】对话框中将左边类别切换到"剖面"项,然后将右边"剖面选项"改为"2D 截面",将模型边可见性由"全部"改为"区域"(如图 7-109 所示),接着点击下面的添加截面按钮 ✚,弹出【剖截面创建】对话框,接受默认的选择"平面"、"单一",再点击"完成"项,在系统提示区弹出输入截面名称对话框,在其中输入"A"后,单击确定按钮 ✔,弹出选择剖截面对话框,在绘图区俯视图中点选 DTM3 基准平面,按下"确定"按钮,创建的剖视图如图7-110 所示。

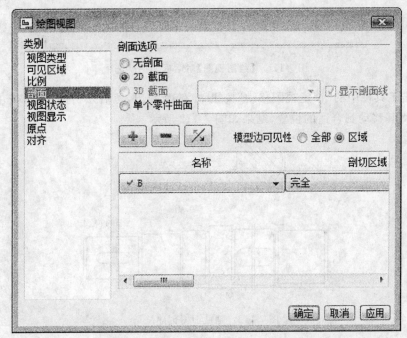

图 7-109　【绘图视图】对话框"剖面"选项

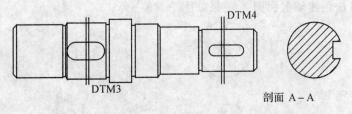

图 7-110　剖视图创建结果

④ 双击剖面图,弹出【绘图视图】对话框,修改其中的"对齐"属性页,将"视图对齐选项"中"将此视图与其他视图对齐前的选项勾去除,结果如图 7-111 所示,按下"确定"按钮。

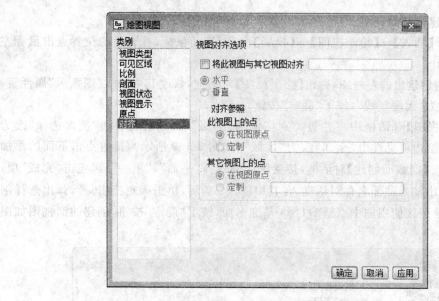

图 7-111 【绘图视图】对话框"对齐"选项

⑤ 单击工具栏中的"锁定视图移动"按钮，使其弹出，然后点击剖视图，按住鼠标左键拖动视图，将其移动到合适的位置，结果如图 7-112 所示。

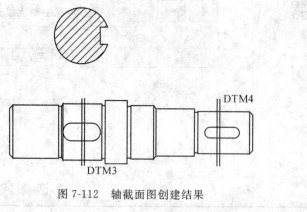

图 7-112 轴截面图创建结果

步骤6 创建轴截面视图2

用同样的方法创建轴截面图 2，结果如图 7-113 所示。

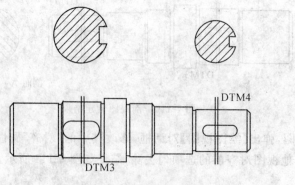

图 7-113 轴截面图创建结果

步骤 7   创建中心轴

点击工具栏上的"显示及拭除"按钮 ，弹出【显示/拭除】对话框，点击显示轴项按钮 ，将显示方式设置为"视图"，单击主视图后，按下"选择"对话框中的"确定"按钮，依次点击俯视图和左视图，按下"选择"对话框中的"确定"按钮，再点击【显示/拭除】对话框中的"关闭"按钮，创建出如图 7-114 所示中心轴。用户可点选中心轴拖动两个端点调整中心轴的长度。

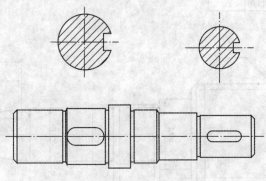

图 7-114   中心线创建结果

步骤 8   创建局部放大视图

选择菜单【插入】→【绘图视图】→【详细】命令，在主视图要创建局部放大视图的边上选取一个参照点，然后围绕此参照点绘制一条样条曲线，以作为生成的局部放大视图的轮廓线。完成后，单击鼠标中键以闭合此样条曲线。在页面上点击鼠标左键选取一个位置作为局部放大视图的放置中心，结果如图 7-115 所示。

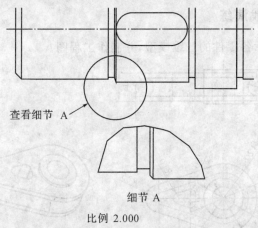

查看细节 A

细节 A

比例 2.000

图 7-115   局部放大视图创建结果

步骤 9   将工程图文件保存为 AutoCAD 图形文件 DWG 格式

单击菜单【文件】→【保存副本】命令，在弹出的【保存副本】对话框中"新建名称"栏输入文件名"zhou"，在"类型"栏中选择"DWG(∗ . DWG)"格式，然后按下"确定"按钮，并在弹出的【DWG 的导出环境】对话框中点击"确定"按钮即可。

步骤 10   在 AutoCAD 环境下尺寸标注

先打开 AutoCAD 软件，再打开图形文件"zhou. dwg"，在其中标注尺寸，结果如图 7-106 所示。

【举一反三】 减速器齿轮轴的工程图制作

绘制如图 7-116 所示减速器齿轮轴零件的工程图。

模数	2
齿数	15
齿形角	20

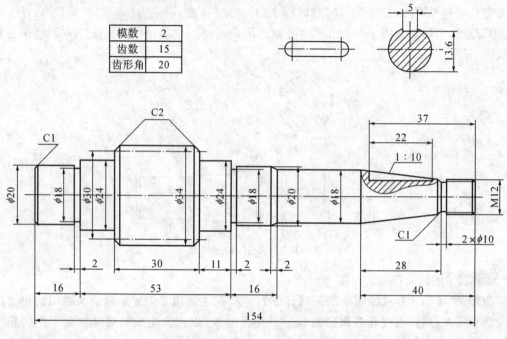

图 7-116 齿轮轴零件工程图

综合工程案例实战演练

绘制如图 7-117 所示各零件的三维模型,并制作工程图。

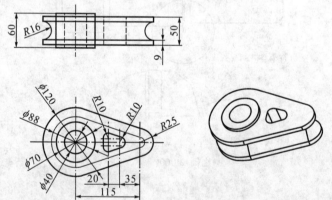

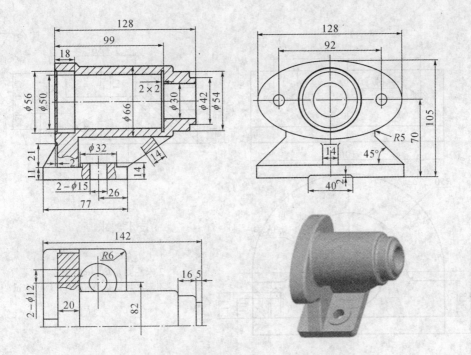

（2）阀体[27]

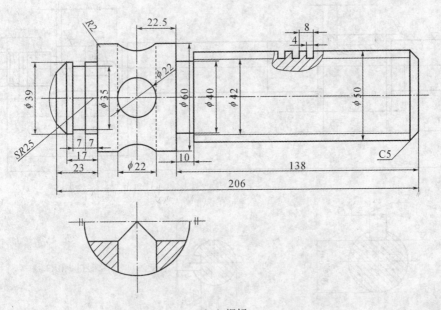

（3）螺杆

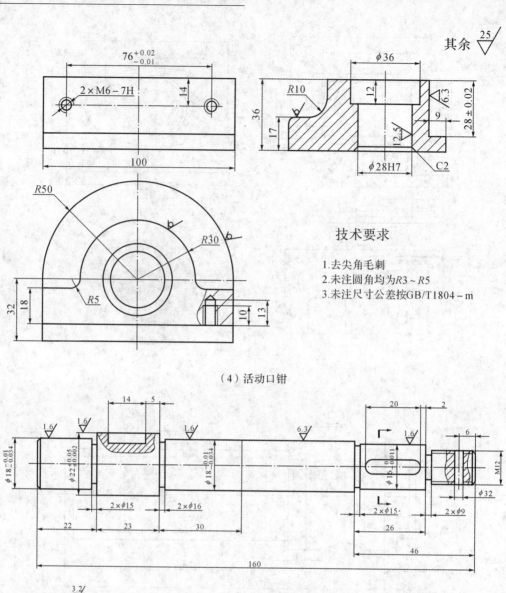

其余 $\sqrt{\frac{25}{}}$

技术要求

1.去尖角毛刺
2.未注圆角均为$R3 \sim R5$
3.未注尺寸公差按GB/T1804 – m

（4）活动口钳

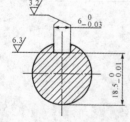

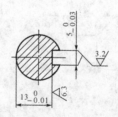

未注圆角$R2$。

（5）主动轴

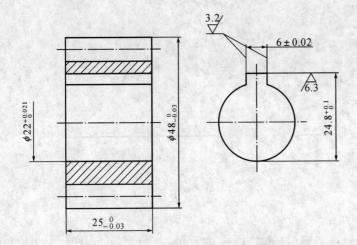

齿数	16
模数m	3
齿形角	20
精度等级	8JL

（6）齿轮

图 7-117　工程图制作练习题

工学结合案例篇

学习情景 8
基于工作过程的三维数字化综合实训

项目一　齿轮泵三维零件数字化设计与零部件装配

一、工作任务

根据下列二维零件图纸的要求绘制出齿轮泵零件的三维模型,然后装配并进行运动仿真。标准件零件请参考机械设计手册进行绘制。

二、工作目的

根据零件虚拟装配的结果观察运动状态,改善零件的三维结构。

三、学习目标

(1)机械识图,巩固机械制图与机械设计方面的基础知识;

(2)三维构思,提高三维空间想象能力;

(3)三维建模,巩固 CAD 三维软件的基本操作技能;

(4)零件装配,锻炼学生的零件装配技能;

(5)协同设计,锻炼学生团队分工协作能力。

四、项目开展方式

以小组的形式开展项目工作。

五、零件工程设计图纸

(1)齿轮泵装配结构示意图

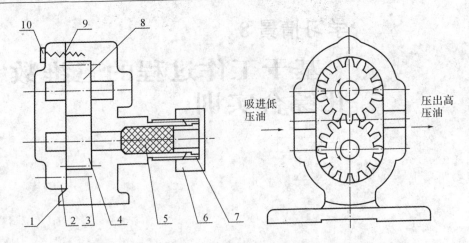

代号	名称	数量	材料	备注	代号	名称	数量	材料	备注
1	泵体	1	HT200		6	压紧螺母	1	Q235-A	
2	泵盖	1	HT200		7	填料压盖	1	Q235-A	
3	销 C4×5	2		GB119.1-2000	8	被动轴齿轮	1	45	
4	主动轴齿轮	1	45		9	垫片	1	描图纸	厚度 0.1
5	填料	1	麻绳		10	螺钉 M6×6	6		GB65-2000

（2）泵体

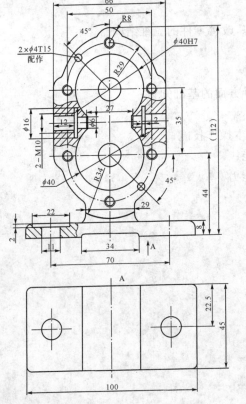

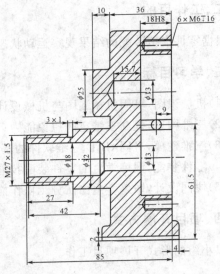

（3）压紧螺母

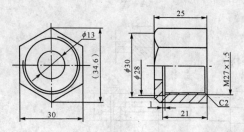

（4）填料压盖

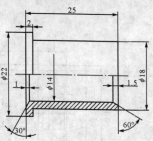

（5）从动轴齿轮（模数为 2.5，齿数为 14）

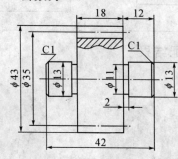

（6）泵盖

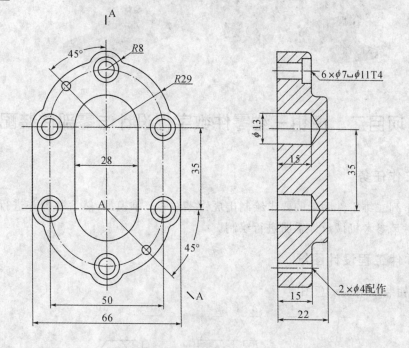

未注圆角R2～R3

(7)主动轴齿轮(模数为 2.5,齿数为 14)

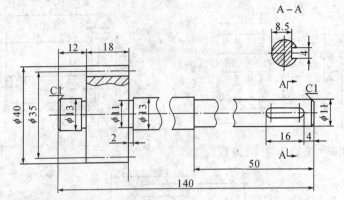

六、零件三维模型及装配结果

项目二 虎钳三维零件数字化设计与零部件装配

一、工作任务

根据下列二维零件图纸的要求绘制出虎钳零件的三维模型,然后装配并进行运动仿真。标准件零件请参考机械设计手册进行绘制。

二、零件工程设计图纸

(1)虎钳装配结构示意图

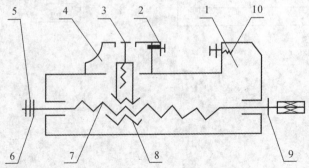

代号	名称	数量	材料	备注	代号	名称	数量	材料	备注
1	固定钳身	1	HT150		6	垫圈 12	1		GB97.1－1985
2	钳口板	2	45		7	丝杠	1	45	
3	固定螺钉	1	20		8	螺母	1	20	
4	活动钳口	4	HT150		9	垫圈	1	Q235A	
5	螺母 M12	2			10	螺钉 M16×18	4		GB68－2000

（2）固定钳身

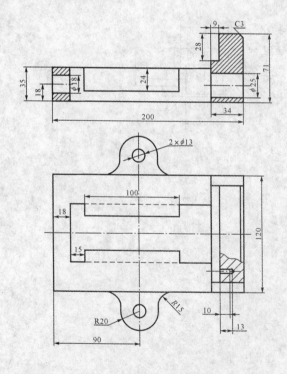

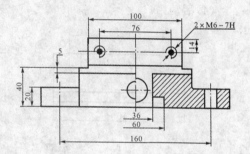

技术要求

1.未注圆角R2。

（3）螺母

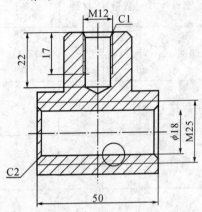

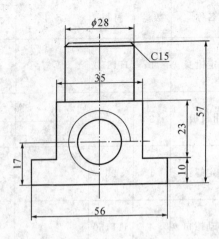

2：1

（4）活动钳口

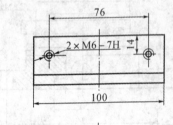

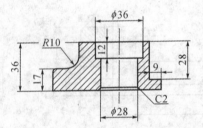

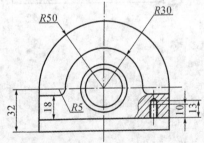

技术要求

1.未注圆角R3。

（5）丝杠

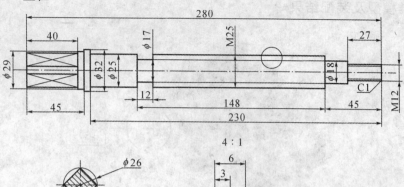

4 : 1

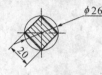

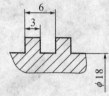

（6）钳口板

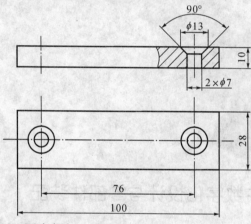

（7）固定螺钉

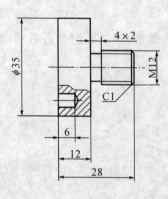

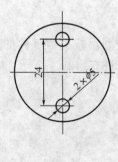

（8）垫圈

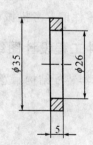

三、零件三维模型及装配结果

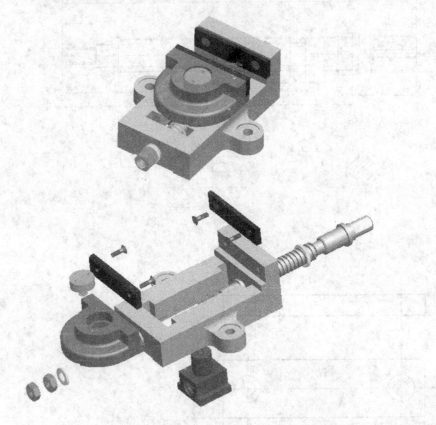

项目三 减速器三维零件数字化设计与零部件装配

一、工作任务

根据下列二维零件图纸的要求绘制出减速器零件的三维模型,然后装配并进行运动仿真。标准件零件请参考机械设计手册进行绘制。

二、零件工程设计图纸

(1)减速器装配结构示意图

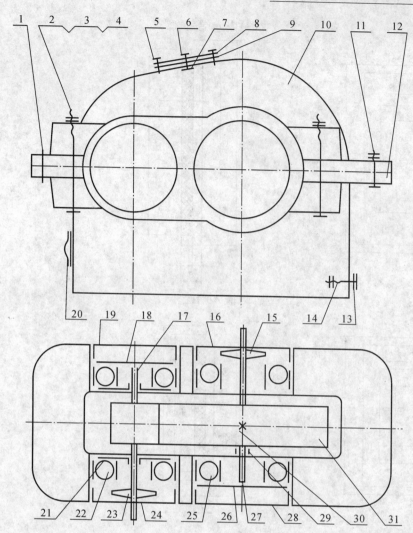

序号	名称	数量	材料	序号	名称	数量	材料	序号	名称	数量	材料
1	销 A4×18	2	Q235	12	机体	1	ZL102	23	填料	1	毛毡
2	螺栓 M8x65	4	Q235	13	垫圈	1	石棉	24	嵌入端盖	1	Q235
3	垫圈 8	6	65Mn	14	油塞	1	Q235	25	滚动轴承6	2	
4	螺母 M8	6	Q235	15	填料	1	毛毡	26	调整环	1	Q235
5	螺钉 M3×10	4	Q235	16	嵌入端盖	1	Q235	27	轴	1	45
6	透气塞	1	Q235	17	齿轮轴	1	45	28	嵌入端盖	1	尼龙
7	螺母 M10	1	Q235	18	调整环	1	Q235	29	支撑环	1	Q235
8	视孔盖	1	Q235	19	嵌入端盖	1	尼龙	30	键 10×22 GB1096-79	1	45
9	垫片	1	石棉	20	圆形塑料游标	1		31	齿轮	1	HT200
10	机盖	1	ZL102	21	挡油环	2	10				
11	螺栓 M8×25	2	Q235	22	滚动轴承	2					

（2）嵌入端盖 1　　　　　　　　（3）嵌入端盖 2

（4）嵌入端盖 3　　　　　　　　（5）嵌入端盖 4

（6）调整环 1　　（7）调整环 2　　（8）垫圈　　（9）支撑环

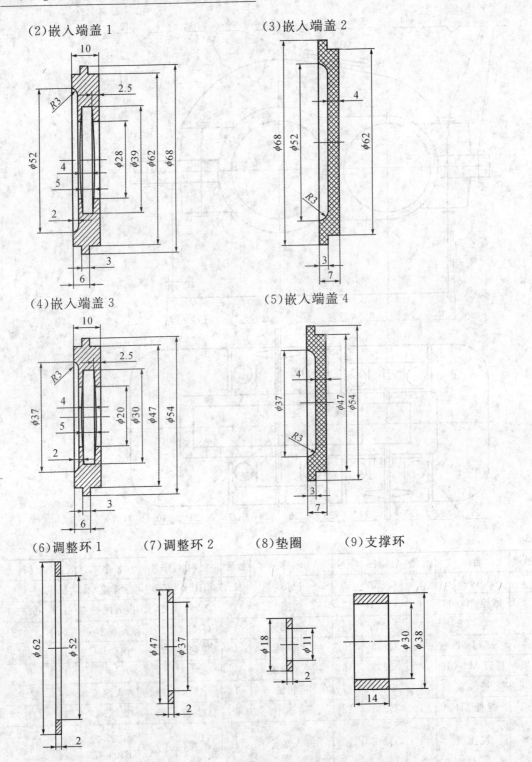

（10）支撑环

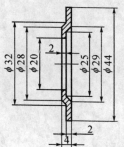

（11）垫片

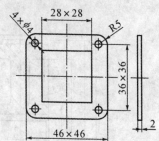

（12）视孔盖

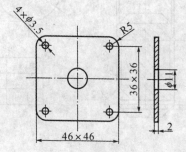

（13）透气塞

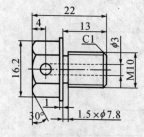

（14）螺塞

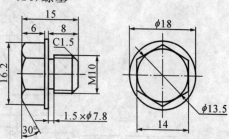

（15）圆形塑料油标

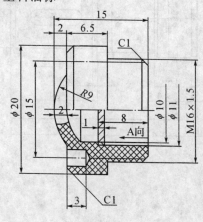

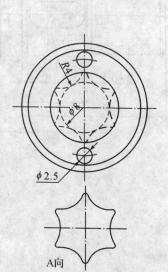

A向

（16）齿轮

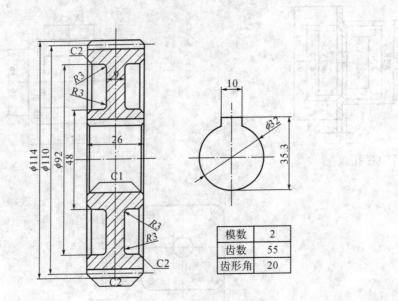

模数	2
齿数	55
齿形角	20

（17）轴

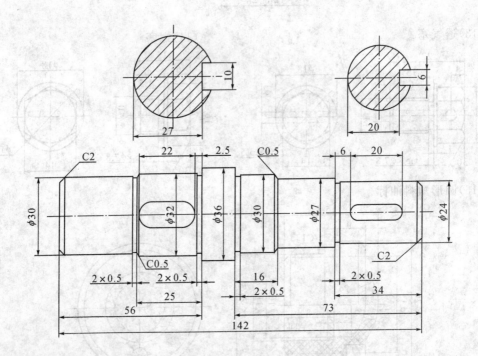

（18）齿轮轴

模数	2
齿数	15
齿形角	20

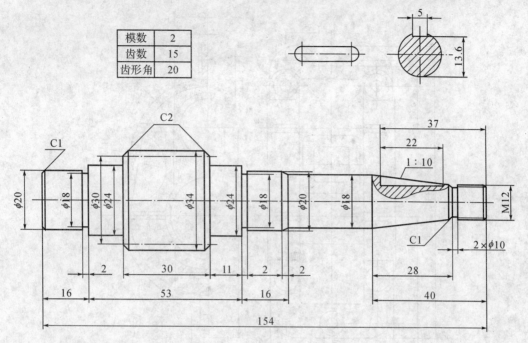

（19）箱盖

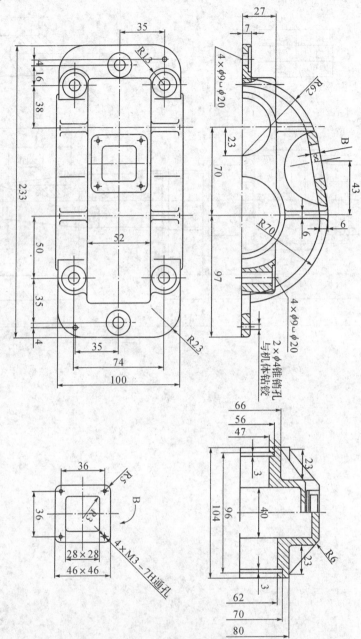

（20）箱体

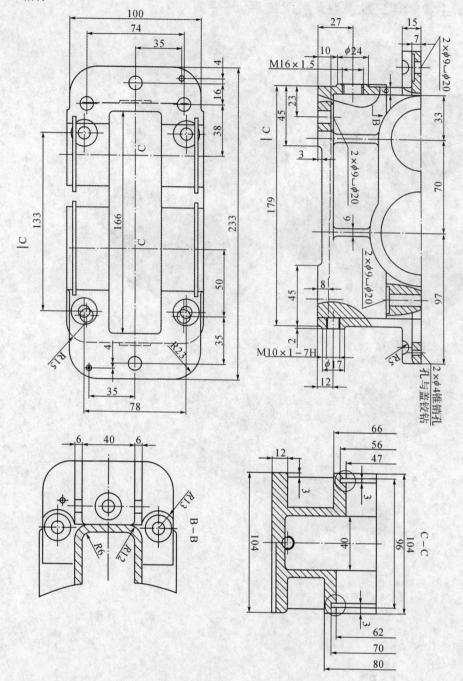

三、主要零件三维模型及装配结果

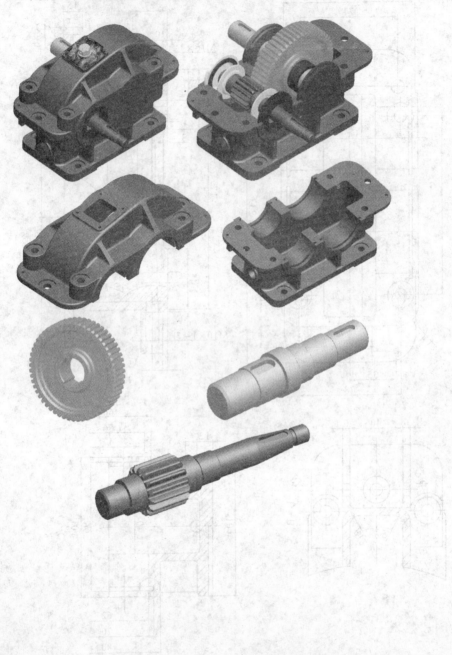

项目四　风扇三维零件数字化设计与零部件装配

一、工作任务

根据风扇实物的形状绘制出每个零件的三维模型,然后进行装配。标准件零件请参考机械设计手册进行绘制。

二、风扇主要零件实物图

三、主要零件三维建模与装配结果

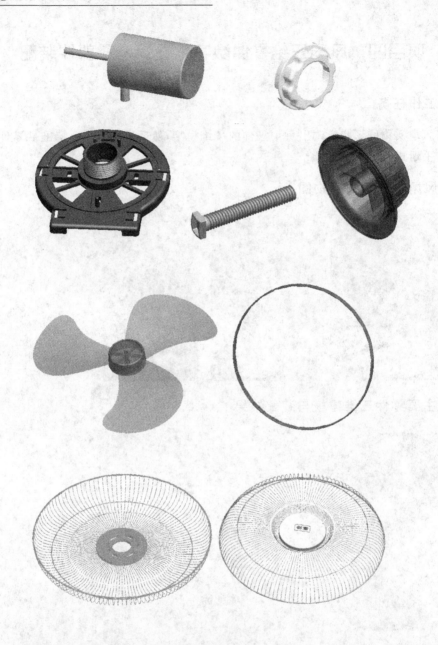

项目五　水泵三维零件数字化设计与零部件装配

一、工作任务

根据水泵实物的形状绘制出每个零件的三维模型，然后进行装配。标准件零件请参考机械设计手册进行绘制。

二、水泵主要零件实物图

三、水泵主要零件三维数字化建模结果

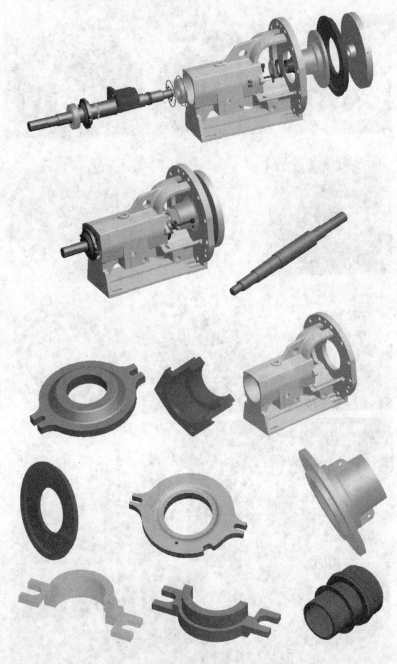

附录1　CAD技能等级考评大纲

——摘自中国工程图学学会

1. CAD技能一级(计算机绘图)

表1　工业产品类CAD技能一级考评

考评内容	技能要求	相关知识
二维绘图环境设置	新建绘图文件及绘图环境设置	· 制图国家标准的基本规定(图纸幅面和格式、比例、图线、字体、尺寸标注式样) · 绘图软件的基本概念和基本操作(坐标系与绘图单位,绘图环境设置,命令与数据的输入)
二维图形绘制与编辑	平面图形绘制与编辑技能	· 绘图命令 · 图形编辑命令 · 图形元素拾取 · 图形显示控制命令 · 辅助绘图工具、图层、图块 · 图案填充
图形的文字和尺寸标注	图形的文字和尺寸标注技能	· 国家标准对文字和尺寸标注的基本规定 · 组合体的尺寸标注 · 绘图软件文字和尺寸标注的功能及命令(式样设置、标注、编辑)
零件图绘制	零件图绘制技能	· 形体的二维表达方法 · 零件的视图选择 · 文字和尺寸的标注 · 表面粗糙度、尺寸公差、形状和位置公差的标注 · 标准件和常用件画法
装配图绘制	装配图绘制技能	· 装配图的图样画法 · 装配图视图选择 · 装配图的标注、零件序号和明细表 · 计算机拼画二维装配图
图形文件管理	图形文件管理与数据转换技能	· 图形文件操作命令 · 图形文件格式及格式转换

2. CAD 技能二级（三维几何建模）

表 2　工业产品类 CAD 技能二级考评

考评内容	技能要求	相关知识
零部件三维建模环境设置	新建模型文件及环境设置	· 零件三维实体造型基本知识 · 三维装配设计基本知识 · 三维建模软件坐标系和建模环境设置
草图设计	草图设计技能	· 草图绘制 · 草图约束 · 草图编辑 · 参考面(用户坐标)的设置 · 显示控制
基于特征的零件实体造型	基于特征的零件实体造型与编辑技能	· 基本特征与辅助特征的创建 · 布尔运算操作 · 特征编辑
规则曲面造型	三维规则曲面造型与曲面编辑技能	· 三维曲线生成 · 基本曲面的创建 · 曲面编辑 · 曲面实体化操作
三维装配建模	· 构建由 10 ~ 30 个零件组成的三维装配模型的技能 · 装配体与零件的联动修改	· 由底向上的三维装配建模方法 · 自顶向下的三维装配建模方法 · 装配约束与定位 · 装配模型的编辑与联动修改
生成二维零件图和二维装配图	· 由三维零件模型生成二维零件图的技能 · 由三维装配模型生成二维装配图的技能	· 2.1 中制图的基本知识 · 由三维零件模型和三维装配模型生成二维零件图和二维装配图的操作方法 · 二维零件图和二维装配图的编辑与标注
图形文件管理	图形文件管理与数据转换技能	· 图形文件操作命令 · 图形文件格式及格式转换

3. CAD 技能三级（复杂三维模型制作与处理）

表 3　工业产品类 CAD 技能三级考评

考评内容	技能要求	相关知识
复杂曲面造型	复杂曲面造型与编辑技能	• 复杂曲面基本知识 • 复杂曲面造型方法 • 复杂曲面编辑方法
零件参数化和变量化设计技术	零件参数化和变量化设计的方法	• 零件参数化和变量化设计的知识 • 零件参数化和变量化设计实现的方法
模型与场景渲染	• 表面纹理粘贴的技能 • 三维模型渲染的技能 • 场景渲染的技能	• 表面纹理的知识和粘贴方法 • 对象的渲染属性及操作 • 场景渲染属性及操作 • 场景光源应用 • 图像处理与输出
动画制作	动画制作与播放技能	• 光源和视向动画的制作 • 飞行与漫游动画的制作 • 动画的保存与输出
装配仿真与运动仿真	实现装配仿真与运动仿真的技能	• 装配体爆炸图和装配顺序的调整方法 • 机构运动仿真的实现方法 • 仿真过程录制和重放方法
图形文件管理	图形文件管理与数据转换技能	• 图形文件操作命令 • 图形文件格式及格式转换

4. 考评内容比重表

表 4　工业产品类 CAD 技能等级考评内容比重

一级 考评内容	比重(%)	二级 考评内容	比重(%)	三级 考评内容	比重(%)
二维绘图环境设置	10	零部件三维建模环境设置	5	复杂曲面造型	20
平面图形绘制与编辑	15	草图设计	10	零件参数化和变量化设计技术	20
图形文字和尺寸标注	10	基于特征的零件造型	25	模型与场景渲染	20
零件图绘制	30	规则曲面造型	10	动画制作	20
装配图绘制	30	三维装配建模	20	装配仿真与运动仿真	15

续　表

一　级		二　级		三　级	
图形文件管理	5	由三维模型生成二维零件图和二维装配图	25	图形文件管理	5
		图形文件管理	5		

附录2　全国三维数字化创新设计大赛规则

1　总则

由科技部国家制造业信息化培训中心三维数字化技术认证培训管理办公室会同全国3D-CAD-VR技术推广服务与教育培训联盟(3D动力)共同举办,简称3D大赛(3DDS)。大赛组委会下设秘书处与专家委员会,全面负责大赛事项;并按省/自治区/直辖市设立分赛区,组建赛区组委会,在全国大赛组委会指导下,具体负责分赛区大赛工作的组织与协调。

以"推动三维数字化技术普及、提升自主创新能力"为主题,依托国家制造业信息化三维数字化技术认证培训体系,通过以赛促课、以赛促训、以赛促用、以赛促新,推动优秀3D培训院校、优秀3D应用人才和优秀3D成功案例脱颖而出,在全国掀起学3D、用3D的热潮,并在3D技术应用企业与3D人才培训院校间搭建直通就业的桥梁,促进就业,推动创新。

以"三维数字化"与"创新设计"为特色,突出体现三维数字化技术对创新实践的支持和推进。要求首先是实用创新的设计活动,同时必须基于三维数字化技术平台或使用三维数字化技术工具实现,并且体现现代三维数字化设计方法与流程,最终以三维数字化形式表现设计结果。

以"3D FOR ALL"的理念,设置"工业工程组"与"数字表现组"两个方向,鼓励多元应用。大赛着重考察设计文档、设计过程、设计源文件及设计结果(形式),评审标准包括视觉美观性、工程实用性、技术复杂性、设计创意性等因素。

每年举办一届,分初赛选拔(3—6月)、复赛作品网上公示投票(7—9月)和全国现场总决赛(11月)三个赛程,并于来年1月举办盛大的颁奖典礼。为体现现代协同设计理念和团队合作精神,大赛复赛、决赛以团队形式参赛。

系列培训课程、技术峰会、大赛论坛、3D动力讲坛、作品展秀、就业推荐等系列配套活动,并携手行业媒体与合作伙伴,共同开启中国三维数字化的新时代!

赛官方网站为http://3dds.3ddl.net,并指定《3D动力报》和3D动力网(http://www.3ddl.net)为大赛官方赛刊及大赛独家网络承办。

2　参赛对象与报名

2.1　"全国三维数字化创新设计大赛"参赛对象为全国各类高校在校学生。参赛学生须在指导教师组织下,以院校(院校或院校下设二级院、系)团体方式报名参赛。大赛不接纳个人报名。

2.2　大赛采用网上报名。报名网址http://3dds.3ddl.net。学生个人或教师代表院校报名,大赛秘书处将与相关教师及院校进行核实确认。报名成功后,大赛秘书处将及时通知报名单位及相关人员,并在大赛官方网站公布。

3　初赛

初赛为团队选拔赛,由参赛院校自行组织,通过作品竞赛、现场竞赛或考试等方式选拔复赛参赛团队,代表报名院校/院系参加复赛和决赛。

初赛参赛团队由 3 到 5 人组成,其中包含一名指导教师。每个复赛团队应有一个唯一的名称,如×××院校1队、2队,或进行个性化命名,如"创意无限"队、"飞虎"队等。同一个院/系可选拔多个复赛参赛团队;同一指导教师可指导多个参赛团队参加复赛。

各参赛院校/院系按《初赛选拔结果上报表》要求,向大赛秘书处上报初赛选拔结果、提交复赛参赛作品,并须加盖报名院校/院系公章。

4　复赛

复赛采用作品赛形式,以网络公示投票、并配合赛区评审方式,按赛区选拔产生决赛入围团队,参加全国现场总决赛。

各参赛院校/院系按《复赛参赛作品提交表》要求,向大赛秘书处提交复赛参赛作品;同时向大赛官方网站上传参赛作品。

5　总决赛

5.1　全国总决赛采用现场赛方式,赛期 2 天。

5.2　工业工程组现场总决赛分规定赛题和自选赛题两部分。规定赛题由大赛组委会统一出题,比赛时间 2 小时;自选赛题为参赛团队在现场规定时间内协同完成自选赛题的设计,比赛时间 12 小时(早 8:30 至晚 8:30)。

5.3　数字表现组现场总决赛通过作品评审答辩方式进行。数字表现组决赛团队为作品准备答辩文档(建议以 PPT 形式组织),文档内容包含作品创作说明,作品展示(图片、视频、模型),作品技术难点自评三部分内容。决赛团队在决赛现场规定时间内进行作品介绍与答辩。

5.4　结合现场过程评分及决赛作品评分,由评审专家委员会复议,并最终评选产生全国总决赛奖项。

6　要求、分组

6.1　设计要求

参赛作品须应用三维数字化技术完成,可以使用一款或多款软件完成设计,使用软件不限。复赛、决赛阶段参赛作品须由团队协同完成。

6.2　大赛分组

大赛分工业工程组和数字表现组两个组别。

工业工程组:面向生产制造等工程应用为目的的设计,包括产品造型、结构设计、模具设计、数字样机、仿真优化、数控加工编程等。

数字表现组:面向视觉表现等文化创意为目的的设计,包括艺术外观造型,动漫、动画制作,装饰、装潢设计渲染,游戏、虚拟现实交互等。

参赛团队根据实际情况选择相应组别参赛。

——摘自《全国三维数字化创新设计大赛规则》

参考文献

[1] 阎楚良,杨方飞. 机械数字化设计新技术 [M]. 北京:机械工业出版社,2007.

[2] 刘良瑞,张蓉. Pro/Engineer 中文野火版 2.0 应用教程 [M]. 大连:大连理工大学出版社,2008.

[3] 二代龙震工作室. Pro/Engineer Wildfire 4.0 基础设计 [M]. 北京:电子工业出版社,2008.

[4] 金大鹰. 机械制图(第二版)[M]. 北京:机械工业出版社,2008.

[5] 凯德设计. Pro/Engineer Wildfire 中文野火版 4.0 技术应用从业通[M]. 北京:中国青年出版社,2008.

[6] 邓劲莲,王艳. 机械 CAD/CAM 综合实训教程[M]. 北京:机械工业出版社,2008.

[7] 孟爱英. CAD/CAM 课程设计[M]. 北京:机械工业出版社,2008.

[8] 郝安林,王伟平,王咏梅. Pro/Engineer Wildfire 3.0 机械设计典型实例[M]. 北京:电子工业出版社,2008.

[9] 孙小捞. Pro/Engineer Wildfire 2.0 中文版教程[M]. 北京:人民邮电出版社,2007.

[10] 王伟,宋宪一. CAD 练习题集[M]. 北京:机械工业出版社,2008.

[11] 赵里宏,刘依星. CAD/CAM 实训图集[M]. 广州:华南理工大学出版社,2006.

[12] 詹友刚. Pro/Engineer 中文野火版 3.0 机械设计教程[M]. 北京:机械工业出版社,2007.

[13] 唐俊,龙坤,张浩等. 中文版 Pro/Engineer Wildfire 实例教程[M]. 北京:清华出版社,2004.

[14] 钟日铭. Pro/Engineer Wildfire 3.0 中文版曲面造型设计[M]. 北京:机械工业出版社,2007.

[15] 周四新. Pro/Engineer Wildfire 2.0 工业设计从基础到实践[M]. 北京:电子工业出版社,2006.

[16] 李世国,李强. Pro/Engineer Wildfire 中文版范例教程[M]. 北京:机械工业出版社,2004.

[17] 曹营. Pro/Engineer Wildfire 3.0 机械设计实例精解[M]. 北京:机械工业出版社,2007.

[18] 二代龙震工作室. Pro/E 立体制图造型设计实训[M]. 北京:电子工业出版社,2006.

[19] 孙江宏. Pro/Engineer Wildfire 3.0 中文版工程图与数据交换[M]. 北京:清华大学出版社,2006.

[20] 何博. 中文版 Pro/Engineer Wildfire 使用速成教程[M]. 北京:中国电力出版社,2004.

[21] 宁涛,余强. Pro/E 机械设计基础教程[M]. 北京:清华出版社,2006.

［22］袁锋.计算机辅助设计与制造实训图库［M］.北京:机械工业出版社,2007.

［23］赵里宏,刘依星.CAD/CAM 实训图集［M］.广州:华南理工大学出版社,2006.

［24］陈红江.Pro/Engineer 应用与实例教程［M］.北京:人民邮电出版社,2007.

［25］骏毅科技,杜智敏等.Pro/Engineer 野火版中空吹塑、合金压铸模具设计实例［M］.北京:机械工业出版社,2005.

［26］彭国希,王小兵.精通 Pro/Engineer 中文野火版玩具产品设计［M］.北京:中国青年出版社,2006.

［27］巫修海,胡如夫,郭建尊.Pro/Engneer Wildfire 3.0 实用教程［M］,北京:人民邮电出版社,2007.